JN114319

全訂新版
フリーフレーム工法

—性能照査型による限界状態設計例—

フリーフレーム協会 編

理 工 図 書

フリーフレーム工法

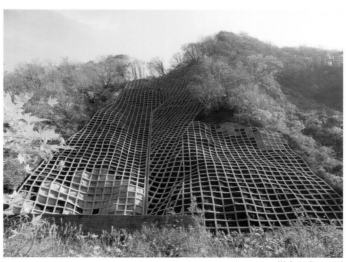

樹木を残した例

序

　フリーフレーム工法に代表される吹付のり枠工の資料として、（社）土木学会編「吹付けコンクリート指針（案）のり面編」や（社）全国特定法面保護協会編「のり枠工の設計・施工指針（改訂版）」が新たに発刊され、従来の仕様規定から性能照査型に移行しました。

　このような状況から、「フリーフレーム工法設計・施工の手引き」においても性能照査型に見直しを行うことにしました。

　吹付枠工の設計は、これまで許容応力度法が採用されてきましたが、今後は「のり枠工の設計・施工指針（改訂版）」に準じて限界状態設計法に移行することが予想されます。

　そこで、本書は、「のり枠工の設計・施工指針（改訂版第3版）」を参照しながら設計できるよう、指針に記載されていない項目、すなわち、のり肩からの崩壊やのり中間からの崩壊に対する抑制工、切土補強土工（鉄筋挿入工との併用）による抑止工などの設計例を盛り込み、さらにフリーフレーム工法としての特性を記載した「全訂新版フリーフレーム工法—性能照査型による限界状態設計例—」として発行しました。

　新たに追加した内容は、要求性能を満たすことのできる改良技術として、ⅰ）植生環境を改善し、樹木の生育に有効な台形形状のフレームの紹介と設計例、ⅱ）のり枠に生じるひび割れの抑制を図る短繊維混入モルタルの配合例など、さらに今回の改定で、ⅲ）維持管理（案）を採り入れました。

　なお、従来の設計法（許容応力度法）は限界状態設計法による設計例のあとに【参考】として設設例を記載していますので参照して下さい。

　フリーフレーム工法は、設計が容易な矩形断面で鉄筋量も多く構造的に優れ、しかも埋め込み金網型枠は強度面およびモルタルの剥離剥落の防止、ひび割れの抑制などにも寄与しており、有効な耐震構造物として斜面安定に貢献してい

ます。

　兵庫県南部地震（阪神淡路大震災平成7年）、新潟県中越地震（平成16年）、福岡県西方沖地震（平成17年）、能登半島地震（平成19年）、岩手・宮城内陸地震（平成20年）、東北地方太平洋沖地震（東日本大震災）（平成23年）、熊本地震（平成28年）、北海道胆振東部地震（平成30年）など大地震に対して構造的に安定した縦横の枠が繋がった連続枠の効果が発揮され、災害を最少限にとどめることができました。

　吹付枠工のパイオニアとしてフリーフレーム工法を技術的にさらに向上していきたいと考えています。諸賢各位の今後のご批判ならびにご指導をいただければ幸いです。

　2020年6月
　　　　　　　　　　　　　　　　　　フリーフレーム協会技術委員会

目　次

1. 総　則

1.1　目的および適用範囲

1.1.1　目的

　フリーフレーム工法は切土のり面、自然斜面などに連続した格子枠をつくることによってのり面の安定を図り、また枠内に緑化を施すことにより周辺環境との調和を図るなど、防災と環境保全を目的として施工するものである。

　本書は、のり面保護工および安定工をめざして使用する性能照査型に対応したフリーフレーム工の設計・施工に関する技術資料として作成したものである。

1.1.2　適用範囲

　本書は、フリーフレーム工法に関するものであり、本書に基づいて設計・施工を行う場合、品質管理の観点から、型枠は本書に記載などの協会認定品を使用し、施工においては、技術講習会などで研修した社員の会社による施工を原則とする。

　なお、「フリーフレーム」および「フリーフレーム工法」は、岡部株式会社とフリー工業株式会社の登録商標です。

　フリーフレーム工法は、高速道路、ダム、道路改良、急傾斜地、造成地、調整池などののり面保護工および安定工に適用するものである。のり面の安定工には、フリーフレーム工と鉄筋挿入工（ロックボルト工）、グラウンドアンカーなどとの併用工で施工されるため、性能照査型の設計例としてこれらを記載した。

　（ただし、従来の設計法（許容応力度法）からの移行がいまだ完了していないことから、設計例として許容応力度法も記載した。）

2. 工法の特徴・種類・選定目安・枠断面の選定

2.1 工法の特徴

フリーフレーム工法の特徴は以下のとおり。

(1) 地山に直接モルタル、コンクリートを打設するので耐久性、耐震性に優れ、洗掘作用を受けにくい。

(2) 枠が縦横とも連続しているので地山の崩落に対する抵抗力が強い。

(3) 鉄筋挿入工、グラウンドアンカーとの併用が可能である。

(4) モルタルやコンクリート打設は吹付工法を用いるため仮設が簡単で作業スペースをとらない。

(5) 地山に応じて経済的な断面を自由につくることが可能である。

(6) 型枠が金網であるため、高圧で吹付けたモルタル、コンクリートの反発ロスが型枠外へ自動的に除去できる。

(7) 埋め込み金網型枠はモルタルの剥離剥落の防止、ひび割れの抑制に寄与する。

(8) 埋め込み金網型枠は強度面にも寄与する（設計上では考慮しない）。

(9) フリーフレーム部材（金網型枠）は変形自由で軽量のため作業性が良い。

(10) フリーフレーム部材（金網型枠）は埋め込みのため解体作業が不要である。

(11) 枠内に植生を施すことができるため美観・景観が向上する。

(12) 台形形状のフレームは植生環境を改善し樹木の生育に有効である。

2.2 工法の種類とタイプ別特性

フリーフレーム工法には、使用する型枠（フリーフレーム）の種類により、FM タイプ、FP タイプ、FD（台形）タイプなどがある（型枠の規格寸法は3.1参照）。

これらについての特徴は表2.1のとおりである。

表2.1 フリーフレーム工の特徴

		タイプ	特　　徴
吹付枠工	フリーフレーム工	フリーフレームFMタイプの場合	①網はメッキ線を使用しているため錆の発生が少ない。 ②型枠上端部の線材を内側に曲げ加工してあるため、ロープ、ホースなどのひっかかりが無くなり作業の安全性が向上し、梱包用ダンボール(産業廃棄物)を大幅に削減できる。 ③型枠の網目が広いので反発ロスをスムーズに排除できる。
		フリーフレームFPタイプの場合	①鉄筋先組み施工のため、複雑な鉄筋組立作業が確実で能率が良い。特に300×300以上の大断面に有効である。 ②他は、FMタイプの場合の①～③と同じ。
		フリーフレームFD(台形)タイプの場合	①横枠直下の枠内に日光や降雨が当たりやすくなり、植生環境に有効な育成基盤を確保、維持できる。 ②樹木の屈曲や樹皮・枝などの損傷要因が低減できるため、樹木の生育に有効である。 ③枠表面幅が小さくなり、圧迫感が緩和され景観が向上できる。 ④枠の底面幅が広がり地山との接触面積が大きくなるため、のり表面の侵食抑制効果が大きい。 ⑤小断面(200、300断面)に適用。 ⑥凹凸が比較的少ないのり面(10～15cm程度)に適用可能。 ⑦他は、FMタイプの場合の①～③と同じ。

※ FD(台形)タイプは、7.台形フレーム工法参照

2.3 フリーフレーム工法の選定目安

(1) フリーフレーム工法選定フローチャートを図2.1に示す。
(2) 枠断面の選定目安

　フリーフレーム工法は、目的に応じて次のようなタイプの使い分けをするが(図2.2)、地山の安定目的の場合は、安定計算によって決定する。

2.4 枠断面の選定

　のり面は、自然状態で放置すると風化作用を受けて落石が起きたり小規模の崩壊が発生し、徐々に大きな崩壊へと発達する可能性が高い。対策工の適用でのり面を大別すると下記のように分類することができる。

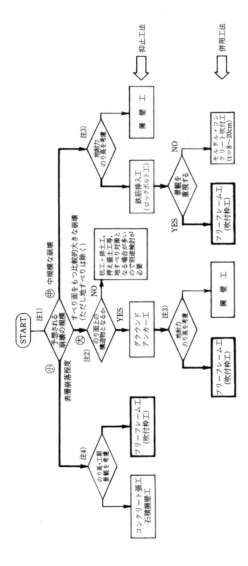

図2.1　抑止効果を必要とする工法（切土のり面）

注1) ⓘ小規模…表層崩落（深さ1.5m以内のすべり、崩落）。
　　ⓜ中規模…すべりの形状・規模により分ける。
　　ⓛ大規模…地質調査・解析により判断する。

注2) 一般にのり面に施工する構造物でないものは、対策が異なるので別途検討する（杭工・排土工など）。

注3) 一般的である擁壁工は、地耐力の有無やのり高などの制限を受けるのでこれらを考慮し選定する。

注4) のり高、工期の制限、緑化の必要性、施工性を考慮して選定する。（フリーフレーム協会資料）

※ 枠中詰工については、(社)全国特定法面保護協会編「のり枠工の設計・施工指針（改定版第3版）の"中詰工法の選定"参照。

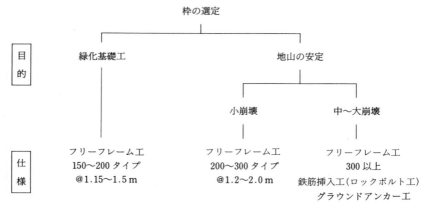

※200～300タイプは、台形フレームの選定が可能

図2.2 枠断面の選定目安

(1) のり面抑制工を適用するのり面

① のり面が安定していて落石や部分的崩壊の恐れがなく、中詰工と併用し表層部の風化防止および"緑化たな"として使用する緑化基礎工として考えればよい場合。

② 風化岩、長大のり面などで落石や部分的な浅い崩壊が考えられる場合(表層剥離型崩壊)。

③ 比較的浅い表層すべり（直線すべり）または、円弧すべりが発生するものと予想される場合。

(2) のり面抑止工を適用するのり面

① 急勾配、ダム湛水面、浸透水の激しいのり面。

② 鉄筋挿入工やグラウンドアンカーなどと併用する場合。

　フリーフレーム工法では、(1)に対して断面150×150～300×300（台形を使用の場合、FD200～300）を適用。(2)に対しては必要に応じて断面300×300～600×600（鉄筋挿入工の場合、台形FD300可）を適用するが、崩壊の規模、気象条件などを設計者が判断して、枠の断面、スパン、鉄筋量を選定しなければな

らない。

　枠断面の選定目安を2.3.図2.2に示す。

2.4.1　のり面抑制工としての選定

(1)　降雨浸食や風化の抑制を目的とするのり面　————　断面150×150

(2)　150×150では不十分と予想されるのり面　————　断面200×200

　①　寒冷地ののり面台形断面FD200

　②　南向きで乾燥の激しいのり面（植生工を行う場合）

　③　凹凸の激しいのり面

(3)　切土のり面または自然斜面で表層部　————　断面200×200以上
　　(0.5〜1.5m)が不安定となっており、連　　　　　台形断面　FD200〜300
　　続した表層すべりが考えられる場合

　断面150×150、200×200の使い分けは、のり面状況、気象条件などを考慮して、設計者の知識、経験に基づき判断するものとする。

　(1)　のり面が安定している場合は、降雨などによる浸食の防止や風化の抑制などを目的として、のり面保護を行う。のり面保護工の選定にあたっては、緑化することが望まれるが、フリーフレーム工法は植生基盤の流出を防止する効果が高いので、緑化基礎工として使われることが多い。

　植物の生育に必要な植生基盤の厚さは、のり面の状況、気象条件、導入する植物の種類などによって異なるが、土壌を使用する場合の必要厚さの目安は図2.3のように示されている。フリーフレーム工法の最小断面はこれを参考として設定しており、150×150を最小断面としている。土壌を使用して、中詰工に客土工や土のう工を行う場合は、150×150の断面を使用する。

　(2)　寒冷地ののり面は、凍結、凍上による剥落や部分的な滑落などが発生する恐れがあるため、200×200以上の断面とすることが多い。また、南〜南西向きのり面の場合、日射量が多く乾燥が著しいので、客土厚を厚くすることが必要となり、この場合も200×200以上の断面とすることが多い。凹凸が激しいのり面では、150×150では崩落などの抑止効果が不十分と考えられるので、200

×200以上を使用することが望ましい。

　枠内を木本植物を主体とした播種工で緑化する場合は、地山の硬さ、岩の亀裂の大きさや頻度を評価して、植生工の選定や吹付厚の設計を行う。設計にあたっては各植生工の実績や「のり面緑化工の手引き」(全国特定法面保護協会編)を参考とすることがよい。なお、一般に有機質を主材料として植生基盤を造成する場合は、図2.3に示した客土（土壌）厚さよりも薄い吹付厚さで植物を生育させることができる。

　(3)　風化岩、長大のり面などで下記のように地山が脆弱化したのり面では、常に部分的な崩壊が起こる可能性がある（表層剥離型崩壊）。

　①　のり面はそれ自身で自立安定しているが、岩の節理、層理などの不連続のり面となっており、部分的なのり面崩壊の可能性がある（図2.4—①）。
代表的な地質：片岩類、砂岩、泥岩互層、チャート、安山岩、玄武岩

　②　表層だけの崩壊が考えられるケース（図2.4—②）。

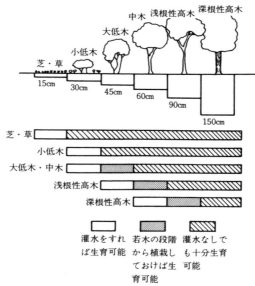

図2.3　植物に必要な土壌の厚さと灌水の関係（道路緑化の設計施工）

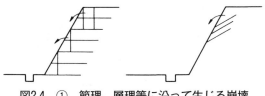

図2.4　①　節理、層理等に沿って生じる崩壊

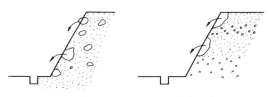

図2.4　②　転石や落石や表層の崩壊

　代表的な地質：集塊岩、砂れき互層、シルトれき互層、砂岩、泥岩
　以上のように、落石や部分的崩壊が考えられる場合には、200×200以上の断面が必要となる（6.限界状態設計法による設計例参照）。

2.4.2　のり面抑止工としての選定（断面300×300〜600×600）

(1)　風化岩、長大のり面などで地山が脆弱化し、　――――――　断面300×300
　　　部分的崩壊が広い範囲または層が深く発生する
　　　可能性があるのり面
(2)　中〜大規模な崩壊が考えられる場合　――――――――　断面300×300以上
　　　部分的崩壊が広い範囲または層が深く発生する可能性があるのり面においては、200×200の断面では不十分で300×300以上の断面が必要となる（図2.5）。
　　　中〜大規模な崩壊に対しては、フリーフレーム工と鉄筋挿入工（ロックボルト工）、グラウンドアンカーなどとの併用になるので、それらの1本当たりの設計荷重によって枠断面を決定する。すなわち、グラウンドアンカーの引張力により地山のすべり抵抗力を増大させる際の支承構造物として考える（図2.6）。

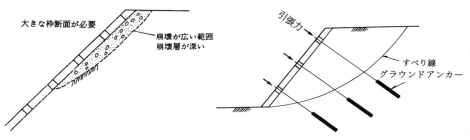

図2.5　枠による抑止工　　　　　図2.6　併用工による抑止工
（※鉄筋挿入工併用の場合、台形フレームFD300適用可。）

3．材　料

3.1　型枠

　フリーフレーム工法に使用する型枠は、FM タイプ（写真3.1）、FP タイプ（写真3.2）、FD（台形）タイプ（写真3.3）などの種類がある。

　型枠の規格寸法を表3.1、3.2および3.3に示す。FD（台形）タイプは、7.台形フレーム工法の項に示す。

表3.1　フリーフレームFMタイプ・規格寸法

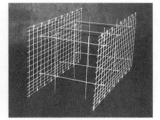

写真3.1　FMタイプ

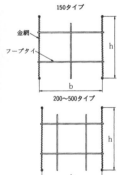

150タイプ

金網
フープタイ

h

b

200～500タイプ

h

b

諸元	b×h
FM150	150×150
FM200	200×200
FM300	300×300
FM400	400×400
FM500	500×500

表3.2　フリーフレームFPタイプ・規格寸法

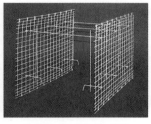

写真3.2　FPタイプ

h

b

諸元	b×h
FP300	300×300
FP400	400×400
FP500	500×500
FP600	600×600

表3.3　フリーフレームFD(台形)タイプ・規格寸法

 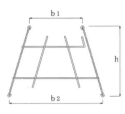

諸 元	b_1	b_2	h	断面積 (m²)
FD200 (150/250-H200)	150	250	200	0.04
FD300 (200/400-H300)	200	400	300	0.09

写真3.3　FD（台形）タイプ

※FM、FP、FD タイプの型枠は、金網の上下端部に鉄線の突き出しのないものを標準とする（産業廃棄物となる梱包用ダンボールが大幅に減少）。

3.2　鉄筋、スターラップ

(1)　鉄筋

・鉄筋は異形鉄筋とする。

・鉄筋の強度：引張降伏強度が295N/mm²以上のものを用いる。

・鉄筋の弾性係数：200kN/mm²

・鉄筋の材料係数：$\gamma_S = 1.0$

※鉄筋の端部構造

　縦枠、横枠、周辺枠の端部に使用する鉄筋は直鉄筋とし、交差する枠の軸方向鉄筋に結束して固定すればよい（詳細は、8.1.図8.4参照）。

・設計に使用する鉄筋の強度、弾性係数、鉄筋の材料係数などは、「のり枠工の設計・施工指針（改訂版第3版）」第8章8.1.5、8.1.6、第7章7.1.3および付録表1.3に記載されている。

(2)　スターラップの形状

　フリーフレーム工におけるスターラップは図3.1の形状を標準とする。

　フックの形状は図3.2のとおりとする。

・スターラップ適用例は、「のり枠工の設計・施工指針（改訂版第3版）」付録—3参照。

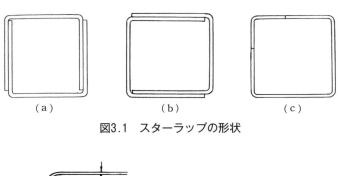

図3.1　スターラップの形状

ϕ：鉄筋直径

r：鉄筋の曲げ内半径＝2.0ϕ
　　（SD295.345の場合）

写真3.2　直角フック（異形鉄筋）

3.3　主アンカー（アンカーバー）、補助アンカー（アンカーピン）

　主アンカー、補助アンカーは、異形鉄筋（SD295以上）を使用することを標準とする（地域により丸鋼（SR材）を使用することもある）。

　主アンカーは枠の交点に、補助アンカーは横枠に（状況により縦枠にも）使用し、これらは施工上必要なもので、型枠の組み立て中、吹付け施工中および吹付けたモルタルが硬化するまで型枠が変形を生じないよう地山に固定する。

　フリーフレーム工法は、吹付工法であるため出来上がったのり枠は地山に密着しており、また上下、左右連続した枠となり、のり面の表層風化を防止することおよび地山の局部的崩壊に対して抑止力が働く。

　主アンカー、補助アンカーの長さは、地山の状況、気象条件などに応じて設計することが重要である。一般的な岩質のり面で、凹凸の少ない切土のり面では、主アンカーの長さは枠の2倍程度で固定できる。ただし、図3.3のようなのり面では、主アンカー、補助アンカーの長さは別途検討する。

　フリーフレーム各断面に使用する主アンカー、補助アンカーの標準寸法を表

（ⅰ）　凹凸のある切土のり面　　　　　（ⅱ）　風化部のある斜面

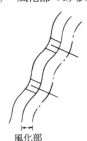

風化部

3.4に示す。　　　　　　　　　　図3.3　主アンカー

表3.4　各断面に使用する主アンカー、補助アンカーの標準寸法

フレーム 種類	主アンカー（mm）		補助アンカー（mm）		補助アンカー 使用本数
	径	長さ	径	長さ	
F150	D16	500	D10	300	横枠のみ2本
F200	D16	750	D10	400	横枠のみ2本
F300	D19	800	D13	500	横枠のみ3本
F400	D19	800	D13	700	横枠のみ3～4本
F500	D19	1000	D16	800	横枠のみ4本
F600	D19	1000	D16	800	横枠のみ4本

3.4　繊維補強材

　繊維補強モルタルは主にひび割れの分散や曲げじん性の向上を目的に使用される。

　繊維材としては鋼繊維と有機繊維がある。有機繊維材にはビニロン繊維、ポリプロピレン繊維などがあり，近年は作業時の安全性や錆が発生しないなどの理由により注目されている。

　繊維の混入率はその効果、吹付け施工性を考慮して0.3～1.0%程度にする場合が多い。

　繊維材料の使用に当たっては、これまでの事例を参考にするか、吹付試験を

行って、改善効果が十分に発揮できる繊維材料の選定、使用量、投入方法等を
検討する必要がある。

3.5　吹付モルタルの配合

　吹付モルタルの配合例を表3.5に、ひび割れ分散性を目的とした繊維補強吹
付モルタルの配合例を表3.6に示す。

表3.5　吹付モルタルの配合例

水セメント比1) (%)	m³当たり		
	水（kg）	セメント2)（kg）	細骨材3)（kg）
55	220	400	1594

※1）水セメント比　：60%以下を標準とする
　2）セメントの密度：普通ポルトランドセメント　3.15g／cm³として計算
　3）細骨材の密度　：2.6g／cm³として計算
　4）空気量　　　　：4％として計算

表3.6　繊維補強吹付モルタルの配合例

水セメント比1) (%)	m³当たり			
	水（kg）	セメント2)（kg）	細骨材3)（kg）	繊維4)（kg）
60	240	400	1542	3.9

※1）水セメント比・：60%以下を標準とする
　2）セメントの密度：普通ポルトランドセメント　3.15g／cm³として計算
　3）細骨材の密度　：2.6g／cm³として計算
　4）繊維の混入量　：0.3体積％（外割り）
　　　繊維の密度　　：ガードクラック（ビニロン繊維）　1.3g／cm³
　5）空気量　　　　：4％として計算

・吹付モルタルの一般的な配合計算例は、「のり枠工の設計・施工指針（改訂
版第3版）」付録—2参照。

　なお、配合を決定するに当たっては、既往の実績に基づき定めるか、実際に
用いる吹付製造設備および吹付機で吹付試験を行い定める。

4．限界状態設計法による要求性能と性能照査

4.1 要求性能

　要求性能の詳細は「のり枠工の設計・施工指針（改訂版第3版）」第2章参照。
フリーフレーム工に要求される性能は、以下の4.1.1〜4.1.4である。

4.1.1 安全性能

　フリーフレーム工は、のり面の侵食や表層すべりを抑制または抑止する目的
で用いられるので、供用期間中に構造物として有害な変形・変位を生じないこ
と、のり面の安定が図れることが安全性能として要求される。

4.1.2 第三者影響度に関する性能

　フリーフレーム工は、第三者に有害な影響を与えない性能を有していなけれ
ばならない。

　有害な影響を与える事項のひとつとして、のり枠部材の一部剥落等が挙げら
れる。これらは、のり枠の変状や老朽化によるひび割れの進展、様々な外的要
因による影響（モルタルやコンクリートの中性化、塩化物イオンの侵入による
鉄筋の腐食、凍結融解作用等）を受けて発生することがある。構造物としての
耐久性を長期にわたって維持するために、適切な製造および品質管理のもとで
施工する必要がある。

4.1.3 耐久性能

　フリーフレーム工は、その供用期間中において構造物の機能が保持できるた
めの耐久性能を有していなければならない。のり枠工は、経年変化によって劣

化し、機能が低下する。

　モルタルやコンクリート材料の経年劣化の原因は、凍結融解作用、中性化、塩化物イオンの侵入、化学的侵食、アルカリ骨材反応などがある。供用期間中は、これらの劣化要因を踏まえ、長期にわたって耐久性を確保する必要がある。

4.1.4　美観・景観に関する性能

　フリーフレーム工は、美観・景観および環境保全の観点から要求される性能についても満足しなければならない。周辺の景観と調和するよう、違和感の少ない構造物にすることが望ましい。

4.2　性能照査

　フリーフレーム工に求められる性能について照査を行う。

　性能照査については、「のり枠工の設計・施工指針（改訂版第3版）」第3章参照。

5．限界状態設計法による設計数値

5.1　吹付モルタルの強度

「のり枠工の設計・施工指針（改訂版第3版）」第8章8.1.3参照。
吹付モルタルの設計基準強度（f'_{ck}）は、18N/mm²を標準とする。

5.2　吹付モルタルの弾性係数

「のり枠工の設計・施工指針（改訂版第3版）」第8章8.1.4参照。
吹付モルタルの弾性係数は、表5.1の値を用いてよい。

表5.1　吹付モルタルの弾性係数

設計基準強度 f'_{ck}（N/mm²）	モルタルの弾性係数 E_c（kN/mm²）
18	22.0
21	23.5
24	25.0
30	28.0

5.3　鉄筋の弾性係数

「のり枠工の設計・施工指針（改訂版第3版）」第8章8.1.6参照
鉄筋の弾性係数は、200kN/mm²としてよい。

5.4　部分安全係数

　「のり枠工の設計・施工指針（改訂版第3版）」第7章7.1.3参照

　部分安全係数は、材料係数 γ_m、荷重係数 γ_r、構造解析係数 γ_a、部材係数 γ_b および構造物係数 γ_i とする。

　標準的な部分安全係数を表5.2に示す。

表5.2　標準的な部分安全係数

安全係数 \\ 限界状態	材料係数 γ_m		部材係数 γ_b	構造解析係数 γ_a	荷重係数 γ_f	構造物係数 γ_i
	モルタル γ_c	鋼材 γ_s				
終局限界状態	1.3	1.0 または 1.05	1.1〜1.3	1.0	1.0〜1.2	1.0〜1.2
使用限界状態	1.0	1.0	1.0	1.0	1.0	1.0

※標準的な部分安全係数は、「のり枠工の設計・施工指針(改訂版第3版)」第7章表7.1.1に、部分安全係数（例）が、「のり枠工の設計・施工指針(改訂版第3版)」付録表1.3に記載。

5.5　作用荷重の種類と各限界状態に対する設計荷重

　作用荷重の種類と各限界状態に対する設計荷重を、表5.3に示す。

　抑制工や鉄筋挿入工を併用する場合には、使用時には荷重が作用しないので、一般に使用状態の照査は省略してよい。

　「のり枠工の設計・施工指針（改訂版第3版)」第7章7.2.4参照。

表5.3　作用荷重の種類と各限界状態に対する設計荷重

作用荷重の種類		使用限界状態の設計荷重（作用荷重×γ_f）	終局限界状態の設計荷重（作用荷重×γ_f）
抑制工	$\Delta F_s = 0.2$	－（一般に照査を省略してよい）	作用荷重×1.2
	$\Delta F_s = 0.5$	－（一般に照査を省略してよい）	作用荷重×1.2
鉄筋挿入工併用		－（一般に照査を省略してよい）	作用荷重×1.2
グラウンドアンカー併用		作用荷重×1.0	作用荷重×1.2

ΔF_s：増加させる安全率

5.6　鉄筋の継手

鉄筋の重ね継手長は、基本定着長以上とする。

基本定着長は、下式により求める。

$$\ell = (\alpha \cdot f_{yd} \cdot \phi) / (4 \cdot f_{bod})$$

ϕ　：主鉄筋の直径

f_{yd}　：鉄筋の設計引張降伏強度（N/mm^2）

$f_{bod} = (0.28 \times f_{Ck}^{2/3}) / \gamma_c \quad \leqq 3.2 N/mm^2$

f_{bod}　：モルタルの設計付着強度

f_{ck}　：モルタルの設計基準強度

γ_c　：モルタルの材料係数

$\alpha = 1.0$（$k_c \leqq 1.0$の場合）

$\alpha = 0.9$（$1.0 < k_c \leqq 1.5$の場合）

$\alpha = 0.8$（$1.5 < k_c \leqq 2.0$の場合）

$\alpha = 0.7$（$2.0 < k_c \leqq 2.5$の場合）

$\alpha = 0.6$（$2.5 < k_c$ の場合）

ここに、$k_c = (c / \phi) + (15 \cdot A_t) / (s \cdot \phi)$

c　：主鉄筋下側のかぶりの値と定着する鉄筋のあきの半分の値のうちの小さい方（mm）

A_t　：仮定される割裂破壊断面に垂直な横方向鉄筋（スターラップ）の断面積（mm^2）

s　：横方向鉄筋の中心間隔（mm）

※設計で用いる鉄筋のあきは、鉄筋が配置される区間に、鉄筋を均等に配置したときの値とする。

鉄筋のあき　$= (\ell - n \cdot \phi) / (n - 1)$　　　ℓ：鉄筋の配置長

ϕ：鉄筋径

n：鉄筋本数

※鉄筋の継手長は、工事毎に計算して使用する。

・鉄筋の継手は上下に重ね合わせるものとする。

・枠の交点部は、鉄筋が交差し密になる箇所でもありモルタルの充.を阻害するので、鉄筋の継手位置としては避けるのが望ましい。また、応力の大きい断面をできるだけ避けるのが望ましい。

・鉄筋の継手は、「のり枠工の設計・施工指針（改訂版第3版）」第7章7.5.3に記載されている。

5.7　鉄筋のかぶり・あき

(1)　鉄筋のかぶり

かぶりの最小値は、下式により求めた値を標準とする。

$$C_{min} = \alpha \cdot C_0$$

ここに、C_{min}：最小かぶり

α：モルタルの設計基準強度f_{ck}に応じ次の値とする。

$f'_{ck} \leqq 18N/mm^2$ の場合　　　　$\alpha = 1.2$

$18N/mm^2 < f'_{ck} < 34N/mm^2$の場合　　$\alpha = 1.0$

$34N/mm^2 \leqq f'_{ck}$ の場合　　　　$\alpha = 0.8$

C_0：基本のかぶり。30mm を基本とする。

(2)　鉄筋のあき

水平のあきは、鉄筋直径ϕ以上、20mm 以上、骨材の最大寸法の4／3倍以上を標準とする。

・吹付材の充填性を考慮して鉄筋のあきは40mm 以上とするのが望ましい。

・鉄筋のかぶり、あきは、「のり枠工の設計・施工指針（改訂版第3版）」第6章6.5.1、6.5.2および付録—3参照。

5.8　スターラップの径・ピッチ

スターラップの径・ピッチの目安として、表5.4に示す内容が「のり枠工の設計・施工指針（改訂版第3版）」付録表3.3に記載されている。

表5.4　スターラップの目安

枠断面	鉄筋径	ピッチ(mm)
300×300	D10～D13	250
400×400	D13～D16	250～315
500×500	D13～D19	250～410
600×600	D16～D22	250～510

5.9　横枠、縦枠の標準スパンと有効高さ

(1)　標準スパン

　フリーフレーム工の横枠、縦枠の標準スパンを表5.5に示す。

　枠内を緑化する場合は、裸地斜面に施工された植生工が十分に活着し、保護工としての効果を発揮し、侵食を抑えることを考慮に入れて決定する必要がある。これまでの施工経験から枠内裸地部の面積を1.0～2.0m^{2}程度となるように枠スパンを決定することが多い。

　断面300×300を使用するのり面では、枠内が2.89m^{2}の場合が多く、植生基材吹付工などの植生工を施すことも多い。

　抑止工として用いる場合は、鉄筋挿入工（ロックボルト工）、グラウンドア

表5.5　標準スパン　　　（mm）

標準枠断面	標準枠スパン
150×150	1,150×1,150
200×200	1,500×1,200
300×300	2,000×2,000
400×400	2,000×2,000
400×400	2,500×2,500
500×500	3,000×3,000
600×600	3,000×3,000

ンカーなどの配置により枠スパンを決定する。

(2)　有効高さ

　フリーフレーム工の標準的な有効高さを表5.6に示す。

表5.6　標準的な有効高さ

断面 （mm）	有効高さ d （mm）	摘　　要 （フリーフレーム）
150×150	105	FMタイプ
200×200	155	〃
300×300	235	〃　・FPタイプ
400×400	315	〃　・　〃
500×500	410	〃　・　〃
600×600	510	〃

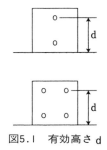

図5.1　有効高さ d

5.10　アンカー取付角（枠からみたアンカー角）

　鉄筋挿入工（ロックボルト工）、グラウンドアンカーは、勾配が均一な場合は、フリーフレームに直角に打設することが望ましい。アンカーの傾角は、水平面より±5°以下の範囲を避け、土留壁の支保工として施工する場合は一般的に45°を上限としている。

　すべり抑止工としてグラウンドアンカーを用いる場合、抑止機構のうち、引き止め効果は傾角を小さくした方が効率が良くなり、締め付け効果はすべり面に直角となるよう設定する方が有利である。

　したがって、すべり面の形状、傾斜角、せん断抵抗角、定着岩盤の深度を考慮して最も有効な傾角を選定する。

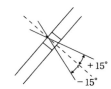

図5.2　アンカー取付角の範囲

　ただし、アンカー傾角を小さくすることにより、グラウンドアンカーとフリーフレームが鋭角に交差し、フリーフレームにねじりモーメントや曲げモーメントと軸力が同時に作用することが考えられ、また、横枠主鉄筋の配置が困難になり、アンカー頭部の角度調整用台座が必要になるなどの設計施工上のマイナス要因が増加することに留意しなければならない。

　よって、その取付角の範囲は、枠との一体化を考慮して ±15° 程度までが望ましい。

6．限界状態設計法による設計例

　のり枠工の部分安全係数（例）は、「のり枠工の設計・施工指針（改訂版第3版）」付録表1.3に記載されているが、以下の計算例で使用するので表6.1に引用する。

表6.1　のり枠工の部分安全係数（例）

安全係数／限界状態	材料係数 γ_m		部材係数	構造解析係数	荷重係数	構造物係数
	モルタル γ_c	鋼材 γ_s	γ_b	γ_a	γ_f	γ_l
終局限界状態	1.3	1.0	M_{ud}曲げ・軸耐力：1.15 V_{cd}モルタルが負担するせん断耐力：1.30 V_{sd}せん断補強筋が負担するせん断耐力：1.10 V_{wcd}斜め圧縮破壊耐力：1.30	1.0	1.2	1.2
使用限界状態	1.0	1.0	1.0	1.0	1.0	1.0

6.1　抑制工

6.1.1　のり肩からの直線すべり（図6.1）

※枠断面の検討

　縦枠の一部を、図6.1に示すような片持梁とし、縦枠とすべり線との交点を固定点として検討する。

⑴　荷重の算定式

　すべり力から算定した荷重がのり枠に集中荷重として作用するものとし、次式により計算する。

$$P = \Delta Fs \cdot W \cdot \sin\alpha$$
ここでP：のり枠に作用するすべり面方向荷重
$$P_r = P \cdot \sin(\theta - \alpha)$$
P_r：のり枠に直角に作用する分力

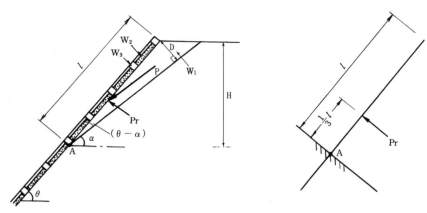

図6.1　のり肩からの崩壊

$P_d = \gamma_r \cdot P_r$

P_d：設計荷重

γ_r：荷重係数

W：すべり重量

　　$W = W_1 + W_2 + W_3$

　　W_2：すべり土塊重量

　　W_3：中詰材重量

　　W_4：フリーフレーム重量

α：すべり面傾斜角

θ：のり面傾斜角

ΔF_s：増加させる安全率

　増加させる安全率は現状安全率と計画安全率の差分とするが、基本的には、切土完了後にのり枠を順巻き施工することから、現状安全率を$F_0 = 1.0$と考えれば十分安全側であり、計画安全率を$F_s = 1.2$とすると、$\Delta F_s = 1.2 - 1.0 = 0.2$となる。

　すべり荷重の作用位置はすべり面（A点）から上部1/3の位置とし、すべり面とのり枠が交差する位置（A点）を固定端とした片持梁とする。

すべりによる設計曲げモーメントは $M_d = -P_d \cdot l/3$

(2)　計算例

①　検討条件

崩壊の規模深さ $D = 1.0\text{m}$　　長さ $l = 3.0\text{m}$

吹付のり枠断面 $200 \times 200\text{mm}$　　スパン $1,500 \times 1,200\text{mm}$

のり面勾配 $1 : 0.8$

増加させる安全率 $\varDelta F_s = 0.2$

②　設計値

ⅰ．単位体積重量　　a．すべり土塊　　　　　　　　　$\gamma_1 = 20\text{kN/m}^3$

　　　　　　　　　　b．植生基材　　　　　　　　　　$\gamma_2 = 14\text{kN/m}^3$

　　　　　　　　　　c．鉄筋モルタル（のり枠）　　　$\gamma_3 = 23\text{kN/m}^3$

ⅱ．鉄筋　　　　　　a．引張降伏強度の特性値　　　　$f_y = 295\text{N/mm}^2$

　　　　　　　　　　b．材料係数　　　　　　　　　　$\gamma_s = 1.0$

　　　　　　　　　　c．設計引張降伏強度　　　$f_{yd} = f_y/\gamma_s = 295\text{N/mm}^2$

ⅲ．モルタル　　　　a．圧縮強度の特性値（設計基準強度）$f_{ck} = 18\text{N/mm}^2$

　　　　　　　　　　b．材料係数 $\gamma_c = 1.3$

　　　　　　　　　　c．設計圧縮強度　　　　　$f_{cd} = f_{ck}/\gamma_c = 13.85\text{N/mm}^2$

ⅳ．のり面勾配　　　　　　　　　　　　　$\theta = 51.34°$（$1 : 0.8$）

ⅴ．崩壊深さ　　　　　　　　　　　　　　$D = 1.0\text{m}$

ⅵ．崩壊長さ　　　　　　　　　　　　　　$l = 3.0\text{m}$

ⅶ．植生基材吹付厚さ　　　　　　　　　　$d' = 0.05\text{m}$

ⅷ．フリーフレーム断面・スパン　　　$200 \times 200\text{mm}$　　　$1,500 \times 1,200\text{mm}$

ⅸ．増加安全率　　　　　　　　　　　　　$\varDelta F_s = 0.2$

ⅹ．終局限界状態時の荷重係数　　　　　　$\gamma_f = 1.2$

③　すべり角 α の算出

$$\sin(\theta - \alpha) = \frac{D}{l} = \frac{1.0}{3.0} = 0.333$$

$$\therefore (\theta - \alpha) = 19.45°$$

$\theta = 51.34°$ であるからすべり角 a は、

　$a = \theta - 19.45° = 31.89°$

表層部分の崩壊高さ H は、

　H = $l \cdot \sin\theta = 3.0 \times \sin 51.34° = 2.34$m

④　作用荷重 W の算定

　作用荷重：W（すべり土塊 W_1 ＋植生基材 W_2 ＋のり枠重量 W_3）

$$W_1 = \frac{1}{2} \cdot d \cdot \frac{H}{\sin\alpha} \cdot l_1 \cdot \gamma_1 \qquad\qquad l_1：縦枠スパン 1.50m$$

$$= \frac{1}{2} \times 1.0 \times \frac{2.34}{\sin 31.89°} \times 1.50 \times 20 = 66.44\text{kN}$$

$$W_2 = \frac{\ell}{\ell_2} \cdot d' \cdot (l_1 - b) \cdot (l_2 - b) \cdot \gamma_2 \qquad\qquad l_2：横枠スパン 1.20m$$

$$b：枠幅 \quad 0.20m$$

$$= \frac{3.0}{1.20} \times 0.05 \times (1.50 - 0.20) \times (1.20 - 0.20) \times 14 = 2.28\text{kN}$$

$$W_3 = \left(l + \frac{l}{l_2} \cdot (l_1 - b) \right) \cdot b \cdot h \cdot \gamma_3 \qquad\qquad h：枠高さ \quad 0.20m$$

$$= \left(3.0 + \frac{3.0}{1.20} \times (1.50 - 0.20) \right) \times 0.20 \times 0.20 \times 23 = 5.75\text{kN}$$

　∴　W = $W_1 + W_2 + W_3 = 66.44 + 2.28 + 5.75 = 74.47$kN

　縦枠に作用するすべり面方向の荷重 P は、設定荷重のすべり面方向の分力に増加させる安全率 ΔF_s を乗じたものとする。

　　P = $\Delta F_s \cdot W \cdot \sin\alpha$

　　　= $0.2 \times 74.47 \times \sin 31.89° = 7.87$　kN

　枠に直角に作用する荷重 P_r は、

　　$P_r = P \cdot \sin(\theta - \alpha)$

　　　= $7.87 \times \sin(51.34° - 31.89°) = 2.62$　kN

⑤　設計荷重および設計断面力の算定

終局限界状態に対して検討する。

設計荷重P_dは、作用荷重P_rに荷重係数γ_f（＝1.20）を乗じたものとする。

$P_d = \gamma_f \cdot P_r$

　　$= 1.20 \times 2.62 = 3.15$　　kN

　表層すべり荷重の作用位置はすべり面から上部1／3の位置とし、すべり面とのり枠が交差する位置を固定端とした片持梁とする。

　荷重によって生ずる最大曲げモーメントは以下のようになる。

　設計最大曲げモーメント：M_d

$$M_d = \frac{P_d \cdot l}{3} = \frac{3.15 \times 3.0}{3} = 3.15 \text{kN} \cdot \text{m}$$

⑥　枠断面の検討

　幅　　　　　b＝200　mm

　有効高さ　　d＝155　mm

※有効高さは、5.9(2)表5.6　または、

　「のり枠工の設計・施工指針（改訂版第3版）」付録表3.1参照。

鉄筋は、D10×2本を上下に使用する。

引張鉄筋量　　As＝71.33×2本＝142.7　mm^2

ⅰ．鉄筋比：p

$$p = \frac{A_s}{b \cdot d} = \frac{142.7}{200 \times 155} = 0.0046$$

ⅱ．釣合鉄筋比：p_b

　$\alpha = 0.88 - 0.004f'_{ck}$ ただし、$a \leq 0.68$

　　　　　　　　　　　　α：釣合鉄筋比に関する係数

　　$= 0.88 - 0.004 \times 18 = 0.81$　　より　　$\alpha = 0.68$

$$\varepsilon'_{cu} = \frac{155 - f'_{ck}}{30000}$$　　　　ただし、$0.0025 \leq \varepsilon'_{cu} \leq 0.0035$

　　　　　　　　　　　ε'_{cu}：モルタルの終局ひずみ

$$=\frac{155-18}{30000}=0.0046 \qquad より、\qquad \varepsilon'_{cu}=0.0035$$

$$p_b=\alpha \cdot \frac{\varepsilon'_{cu}}{\varepsilon'_{cu}+f_{yd}/E_s} \cdot \frac{f'_{cd}}{f_{yd}} \qquad E_s：鉄筋の弾性係数　200　kN/mm^2$$

$$=0.68\times\frac{0.0035}{0.0035+295/200000}\times\frac{13.85}{295}=0.0225$$

$$p=0.0046<0.0169=0.75\cdot p_b \quad \text{---}\quad OK$$

⑦　安全性能の照査

安全性能の照査は、終局限界状態の曲げ破壊に対して行う。

ⅰ．曲げモーメントに対する照査

終局曲げ耐力：M_u

$$\beta=0.52+80\varepsilon'_{cu} \qquad\qquad \beta：等価応力ブロック高さに関する係数$$

$$=0.52+80\times0.0035=0.8$$

$$k_1=1-0.003f'_{ck} \qquad ただし、k_1\leqq0.85 \quad k_1：モルタル強度の低減係数$$

$$=1-0.003\times18=0.95 \quad より、\quad k_1=0.85$$

$$k_2=\beta/2$$

$$=0.4$$

$$M_u=b \cdot d^2 \cdot p \cdot f_{yd} \cdot \left(1-\frac{k_2}{\beta\cdot k_1}\cdot\frac{p\cdot f_{yd}}{f'_{cd}}\right)$$

$$=0.2\times0.155^2\times0.0046\times295000\times\left(1-\frac{0.4}{0.8\times0.85}\times\frac{0.0046\times295000}{13850}\right)$$

$$=6.14\quad kN\cdot m$$

設計曲げ耐力：M_{ud}

$$M_{ud}=\frac{M_u}{\gamma_b}=\frac{6.14}{1.15}=5.34kN\cdot m \qquad \gamma_b：終局限界状態の部材係数　1.15$$

安全性に対する照査

$$\gamma_i \cdot \frac{M_d}{M_{ud}}=1.2\times\frac{3.15}{5.34}=0.71\leqq1.00\text{---OK}$$

$$\gamma_i：終局限界状態の構造物係数　1.2$$

【参考】許容応力度法による設計例

①設計条件

　検討条件、作用荷重Ｗおよび枠に直角に作用する荷重Prは限界状態設計法による数値を用いる。

②許容応力度

　各種許容応力度は2002年制定コンクリート標準示方書[構造性能照査編]を参考とした。

　　モルタルの設計基準強度　　　　　$f_{ck} = 18N／mm^2$

　　モルタルの許容曲げ圧縮応力度　　$\sigma_{ca} = 7N／mm^2$

　　鉄筋の許容応力度（SD295）　　　$\sigma_{sa} = 176N/ mm^2$

　　弾性係数比　　　　　　　　　　　$n = 15$

③　曲げモーメントの算定

　表層すべり荷重の作用位置はすべり面から上部1/3の位置とし、すべり面とのり枠が交差する位置を固定端とした片持梁とする。

　荷重によって生ずる最大曲げモーメントは以下の通りようになる。

$$M_{max} = \frac{Pr \cdot 1}{3} = \frac{2.62 \times 3.0}{3} = 2.62kN \cdot m$$

④　応力度の検討

　（断面の設定）

　　　枠断面　　　幅b = 200mm、高さh = 200mm

　　　有効高さ　　d = 155mm

　　　鉄筋　　　　D10×上下各2本

　　　鉄筋逆面積　$A_s = 71.33mm^2 \times 2 = 142.7mm^2$

　（鉄筋比）

$$p = \frac{As}{b \cdot d}$$

$$= \frac{142.7}{200 \times 155} = 0.0046$$

これより、係数k.j.mは

$$k = \sqrt{2n \cdot p + (n \cdot p)^2} - n \cdot p$$
$$= \sqrt{2 \times 15 \times 0.0046 + (15 \times 0.0046)^2} - 15 \times 0.0046 = 0.30884$$

$$j = 1 - \frac{k}{3} = 1 - \frac{0.30884}{3} = 0.897$$

$$m = \frac{k}{2 \cdot p} = \frac{0.30884}{2 \times 0.0046} = 33.6$$

・鉄筋の引張応力度

$$\sigma_s = \frac{M}{As \cdot j \cdot d} = \frac{2.62 \times 10^6}{142.7 \times 0.897 \times 155}$$
$$= 132.1 N/mm^2 \leqq \sigma_{sa} = 176 N/mm^2 \quad \cdots OK$$

・モルタルの圧縮強度

$$\sigma_c = \frac{\sigma_s}{m} = \frac{132.1}{33.6}$$
$$= 3.93 N/mm^2 \leqq \sigma_{ca} = 7 N/mm^2 \quad \cdots OK$$

＜のり肩からの直線すべり＞

　6.1.1.の計算式を用いて、下記条件のケースについての計算結果を表6.2に示す。

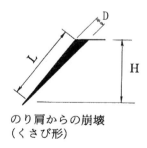

のり肩からの崩壊
（くさび形）

（設計条件）

すべり土塊の単位体積重量　　　　　　　　　$\gamma_1 = 20 kN/m^3$
中詰材（植生基材）単位体積重量　　　　　　$\gamma_2 = 14 kN/m^3$

中詰材（植生基材）厚さ　　　　　　　　　$d' = 0.05\text{m}$

鉄筋モルタル（のり枠）の単位体積重量　　$\gamma_3 = 23\text{kN/m}^3$

吹付モルタルの圧縮強度（設計基準強度）　$f'_c = 18\text{N/mm}^2$

鉄筋の引張降伏強度　　　　　　　　　　　$f_y = 295\text{N/mm}^2$

増加させる安全率　　　　　　　　　　　　$\varDelta F_s = 0.2$

表6.2　フリーフレーム工で抑止可能な崩壊の規模

のり枠タイプ		200×200		200×200		300×300		300×300	
枠スパン（横×縦）(m)		1.50×1.20		1.20×1.20		2.00×2.00		2.00×2.00	
のり勾配	深さ D(m)	L	(H)	L	(H)	L	(H)	L	(H) (m)
1：0.5 (63.43°)	0.50	12.2	(10.9)	15.0	(13.4)	22.9	(20.4)	34.9	(31.2)
	1.00	3.6	(3.2)	4.4	(3.9)	6.9	(6.1)	10.5	(9.3)
	1.50	1.8	(1.6)	2.1	(1.8)	3.4	(3.0)	5.0	(4.4)
1：0.8 (51.34°)	0.50	14.0	(10.9)	17.2	(13.4)	26.3	(20.5)	40.1	(31.3)
	1.00	4.1	(3.2)	5.1	(3.9)	7.9	(6.1)	12.1	(9.4)
	1.50	2.0	(1.5)	2.5	(1.9)	3.9	(3.0)	5.8	(4.5)
1：1.0 (45.00°)	0.50	15.5	(10.9)	19.1	(13.5)	29.0	(20.5)	44.3	(31.3)
	1.00	4.6	(3.2)	5.6	(3.9)	8.8	(6.2)	13.3	(9.4)
	1.50	2.2	(1.5)	2.8	(1.9)	4.3	(3.0)	6.4	(4.5)
枠幅　　b(mm)		200		200		300		300	
有効高さ　d(mm)		155		155		235		235	
鉄筋（上下各々）		D10×2本		D10×2本		D13×2本		D16×2本	

単鉄筋計算　　　　　　　　　　　　　　　　　（フリーフレーム協会資料）

※下記の場合には、抑制工として用いることはできない。

・のり肩からのり尻に及ぶような崩壊

・のり肩からの崩壊に対して深さが1.5m を越えるような崩壊

6.1.2　のり中間の円弧状すべり（図6.2）

　※枠断面の検討

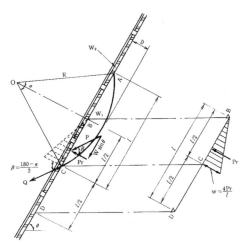

図6.2　のり中間の円弧状すべり

　縦枠の一部を、図6.2に示すような単純梁とし、作用分力をスパン中央で最大、交点でゼロとなる三角形分布荷重に置換えて検討する。

(1)　荷重の算定式
すべり力から算定した荷重がのり枠に等偏分布荷重として作用するものとし次式により計算する。

$$P = \varDelta F_s \cdot W \cdot \sin\theta$$

$$P_r = P \cdot \cos\left(\frac{180-\alpha}{2}\right)$$

$$w = 4 \cdot P_r / l$$

$$P_d = \gamma_f \cdot P_r \qquad \gamma_f：荷重係数　1.2$$

　ここで、P：のり枠に作用するすべり面方向荷重。ただし荷重の方向は円弧がのり面と交差する位置での法線方向（OC に直角）とする。

　　　P_r：のり枠に直角に作用する分力

　　　P_d：P_rの設計荷重

　w：P_rと等価で、B 点で0、C点で最大となる三角形分布荷重

W：すべり重量

W = W₁ + W₂

W₁：すべり土塊重量

W₂：中詰材重量

W₁の算出方法

$$R = \frac{1}{2D}\left(\frac{l^2}{4} + D^2\right)$$

$$\alpha = 2\sin^{-1}\frac{l}{2R}$$

$$W_1 = \gamma_1 \cdot \left\{\frac{\alpha}{360}\pi \cdot R^2 - \frac{1}{2}l(R - D)\right\} \cdot l_1$$

　　　R：円弧の半径

　　　l：円弧すべり弦長

　　　D：円弧すべり最深厚

　　　γ_1：すべり土塊単位重量

　　　α：すべり円弧中心の角度

　　　l_1：縦枠の間隔

　　　θ：のり面傾斜角

　　　$\varDelta F_s$：増加させる安全率

　増加させる安全率は、のり肩からの直線すべりと同様$\varDelta F_s = 0.2$とし、円弧中点Bと、C点からBC間の長さと同じ長さ離れたD点を支点とした図6.2の分布荷重が作用する梁と考える。

　すべりによる設計曲げモーメントは　$M_d = \gamma_1 \dfrac{w \cdot l^2}{9\sqrt{6}} = \dfrac{4 \cdot P_d \cdot l}{9\sqrt{6}}$

(2)　計算例

　①　検討条件

　　　崩壊の規模　　　　　深さD＝0.5m　　長さl＝3.0m

　　　吹付のり枠　　　　　断面200×200mm　　スパン1,500×1,200mm

　　　のり面勾配　　　　　1：0.8

増加させる安全率　　　$\varDelta F_s = 0.2$

② 設計値

i ．単位体積重量　　a．すべり土塊　　　　　　　　　$\gamma_1 = 20\mathrm{kN/m^3}$

　　　　　　　　　　b．植生基材　　　　　　　　　　$\gamma_2 = 14\mathrm{kN/m^3}$

ii．鉄筋　　　　　　a．引張降伏強度の特性値　　　　$f_y = 295\mathrm{N/mm^2}$

　　　　　　　　　　b．材料係数　　　　　　　　　　$\gamma_s = 1.0$

　　　　　　　　　　c．設計引張降伏強度　$f_{yd} = f_y/\gamma_s = 295\mathrm{N/mm^2}$

iii．モルタル a．圧縮強度の特性値（設計基準強度）　$f_{cd} = 18\mathrm{N/mm^2}$

　　　　　　　　　　b．材料係数　　　　　　　　　　$\gamma_c = 1.3$

　　　　　　　　　　c．設計圧縮強度　$f_{cd} = f_{ck}/\gamma_c = 13.85\mathrm{N/mm^2}$

iv．のり面勾配　　　　　　　　　　$\theta = 51.34°$（1：0.8）

v ．崩壊深さ　　　　　　　　　　　$D = 0.5\mathrm{m}$

vi．崩壊長さ　　　　　　　　　　　$l = 3.0\mathrm{m}$

vii．植生基材吹付厚さ　　　　　　　$d' = 0.05\mathrm{m}$

viii．フリーフレーム断面・スパン　　$200 \times 200\mathrm{mm}$　　$1{,}500 \times 1{,}200\mathrm{mm}$

ix．増加安全率　　　　　　　　　　$\varDelta F_s = 0.2$

x ．終局限界状態時の荷重係数　　　$\gamma_f = 1.2$

③ 円弧の半径 R の算出

$$R = \frac{1}{2D} \cdot \left(\frac{l^2}{4} + D^2\right) = \frac{1}{2 \times 0.5} \times \left(\frac{3.0^2}{4} + 0.5^2\right) = 2.50\mathrm{m}$$

④ 扇形の中心角 a の算出

$$\alpha = 2 \cdot \sin^{-1}\frac{l}{2R} = 2 \times \sin^{-1} \times \frac{3.0}{2 \times 2.50} = 73.74°$$

⑤ 作用荷重 W の算定

作用荷重：W（すべり土塊 W_1 ＋植生基材 W_2）

$$W_1 = \gamma_1 \cdot \left(\frac{\alpha}{360°} \cdot \pi \cdot R^2 - \frac{1}{2} \cdot \ell \cdot (R-D) \right) \cdot l_1 \qquad l_1 : 縦枠スパン \quad 1.50m$$

$$= 20 \times \left(\frac{73.74°}{360°} \times \pi \times 2.50^2 - \frac{1}{2} \times 3.0 \times (2.50-0.5) \right) \times 1.50 = 30.66kN$$

$$W_2 = \gamma_2 \cdot \frac{l}{l_2} \cdot d' \cdot (l_1 - b) \cdot (l_2 - b) \qquad l_2 : 横枠スパン \quad 1.20m$$

$$b : 枠幅 \quad 0.20m$$

$$= 14 \times \frac{3.0}{1.20} \times 0.05 \times (1.50 - 0.20) \times (1.20 - 0.20)$$

$$= 2.28 \quad kN$$

$$\therefore \quad W = W_1 + W_2 = 32.94 \quad kN$$

縦枠に作用するすべり面方向の荷重Pは、設定荷重のすべり面方向の分力に増加させる安全率$\varDelta F_s$を乗じたものとする。

$$P = \varDelta F_s \cdot W \cdot \sin\theta$$

$$= 0.2 \times 32.94 \times \sin 51.34° = 5.14 \quad kN$$

枠に直角に作用する荷重P_rは、

$$P_r = P \cdot \cos\frac{180° - \alpha}{2}$$

$$= 5.14 \times \cos\frac{180° - 73.74°}{2} = 3.09 \quad kN$$

⑥　設計荷重および設計断面力の算定

終局限界状態に対して検討する。

設計荷重P_dは、作用荷重P_rに荷重係数γ_f（$=1.20$）を乗じたものとする。

$$P_d = \gamma_f \cdot P_r$$

$$= 1.20 \times 3.09 = 3.71 \quad kN$$

図6.2で、縦枠のl長を単純梁とし、l長のB点で0、中央のC点で最大となる三角形分布を考え、枠の応力検討を行う。

すべりによる設計曲げモーメントM_dは、

$$M_d = \frac{4}{9\sqrt{6}} \cdot P_d \cdot l$$

$$= \frac{4}{9\sqrt{6}} \times 3.71 \times 3.0 = 2.02 \quad kN \cdot m$$

⑦　枠断面の検討

幅　　　　　　　　　　　　b = 200　　mm

有効高さ　　　　　　　　　d = 155　　mm

※有効高さは、5.9.表5.6 または、

「のり枠工の設計・施工指針（改訂版第3版）」付録表3.1参照。

鉄筋は、D10×2本を上下に使用する。

引張鉄筋量 A_s = 71.33×2本 = 142.7 mm^2

ⅰ．鉄筋比：p

$$p = \frac{A_s}{b \cdot d}$$

$$\frac{142.7}{200 \times 155} = 0.0046$$

ⅱ．釣合鉄筋比：Pb

$\alpha = 0.88 - 0.004fck$　　　　ただし、$\alpha \leqq 0.68$　α：釣合鉄筋比に関する係数

　　$= 0.88 - 0.004 \times 18 = 0.81$　　より　　$\alpha = 0.68$

$$\varepsilon'_{cu} = \frac{155 - f'_{ck}}{30000}$$　　　　　　　　　　ただし、$0.0025 \leqq \varepsilon'_{cu} \leqq 0.0035$

　　　　　　　　　　　　　　　　　　　ε'_{cu}：モルタルの終局ひずみ

$$= \frac{155 - 18}{30000} = 0.0046$$　　より、　　$\varepsilon'_{cu} = 0.0035$

$$p_b = \alpha \cdot \frac{\varepsilon'_{cu}}{\varepsilon'_{cu} + f_{yd}/E_s} \cdot \frac{f'_{cd}}{f_{yd}}$$　　　　　　　　E_s：鉄筋の弾性係数　　200　kN/mm^2

$$= 0.68 \times \frac{0.0035}{0.0035 + 295/200000} \times \frac{13.85}{295} = 0.0225$$

p＝0.0046＜0.0169＝0.75・p_b　---　OK

⑧　安全性能の照査

安全性能の照査は、終局限界状態の曲げ破壊に対して行う。

ⅰ．曲げモーメントに対する照査

終局曲げ耐力：M_u

$\beta = 0.52 + 80\,\varepsilon'_{cu}$　　　　　　β：等価応力ブロック高さに関する係数

　$= 0.52 + 80 \times 0.0035 = 0.8$

$k_1 = 1 - 0.003 f_{ck}$　　　ただし、$k_1 \leqq 0.85$　k_1：モルタル強度の低減係数

　$= 1 - 0.003 \times 18 = 0.95$ より、$k_1 = 0.85$

$k_2 = \beta/2$

　$= 0.4$

$$M_u = b \cdot d^2 \cdot p \cdot f_{yd} \cdot \left(1 - \frac{k_2}{\beta \cdot k_1} \cdot \frac{p \cdot f_{yd}}{f'_{cd}}\right)$$

$$= 0.2 \times 0.155^2 \times 0.0046 \times 295000 \times \left(1 - \frac{0.4}{0.8 \times 0.85} \times \frac{0.0046 \times 295000}{13850}\right)$$

$$= 6.14 \quad \text{kN·m}$$

設計曲げ耐力：M_{ud}

$$M_{ud} = \frac{M_u}{\gamma_b} = \frac{6.14}{1.15} = 5.34 \text{kN·m}$$　　　γ_b：終局限界状態の部材係数　1.15

安全性に対する照査

$$\gamma_l \cdot \frac{M_d}{M_{ud}} = 1.2 \times \frac{2.02}{5.34} = 0.46 \leqq 1.00 \text{---OK}$$

γ_l：終局限界状態の構造物係数1.2

【参考】許容応力度法による設計例

① 設計条件

　検討条件、作用荷重Wおよび枠に直角に作用する荷重Prは限界状態設計法による数値を用いる。

② 許容応力度

　各種許容応力度は2002年制定コンクリート標準示方書[構造性能照査編]を参考とした。

　　　　モルタルの設計基準強度　　　　　$f_{ck} = 18N/mm^2$

　　　　モルタルの許容曲げ圧縮応力度　　$\sigma_{ca} = 7N/mm^2$

　　　　鉄筋の許容応力度（SD295）　　　$\sigma_{sa} = 176N/mm^2$

　　　　弾性係数比　　　　　　　　　　　$n = 15$

③ 曲げモーメントの算定

　荷重によって生ずる最大曲げモーメントは以下の通りようになる。

$$M_{max} = \frac{4}{9\sqrt{6}} \cdot Pr \cdot l = \frac{4}{9\sqrt{6}} \times 3.09 \times 3.0 = 1.68 kN \cdot m$$

④ 応力度の検討

（断面の設定）

　　　　枠断面　　　幅$b = 200mm$、高さ$h = 200mm$

　　　　有効高さ　　$d = 155mm$

　　　　鉄筋　　　　D10×上下各2本

　　　　鉄筋断面積　As=71.33mm^2×2 ＝142.7mm^2

（鉄筋比）

$$p = \frac{As}{b \cdot d}$$

$$= \frac{142.7}{200 \times 155} = 0.0046$$

　　　これより、係数　k,j,mは

$$k = \sqrt{2n \cdot p + (n \cdot p)^2} - n \cdot p$$

$$= \sqrt{2 \times 15 \times 0.0046 + (15 \times 0.0046)^2} - 15 \times 0.0046 = 0.30884$$

$$j = 1 - \frac{k}{3} = 1 - \frac{0.30884}{3} = 0.897$$

$$m = \frac{k}{2 \cdot p} = \frac{0.30884}{2 \times 0.0046} = 33.6$$

・鉄筋の引張応力度

$$\sigma_s = \frac{M}{As \cdot j \cdot d} = \frac{1.68 \times 10^6}{142.7 \times 0.897 \times 155}$$

$$= 84.7 \text{N/mm}^2 \leqq \sigma_{sa} = 176 \text{N/mm}^2 \cdots \text{OK}$$

・モルタルの圧縮強度

$$\sigma_c = \frac{\sigma_s}{m} = \frac{84.7}{33.6}$$

$$= 2.52 \text{N/mm}^2 \leqq \sigma_{ca} = 7 \text{N/mm}^2 \cdots \text{OK}$$

＜のり中間の円弧すべり＞

6.1.2(1)の計算式を用いて、下記条件のケースについての計算結果を表6.3に示す。

のり中間からの崩壊
（円弧形）

（設計条件）

すべり土塊の単位体積重量	$\gamma_1 = 20 \text{kN/m}^3$
中詰材（植生基材）単位体積重量	$\gamma_2 = 14 \text{kN/m}^3$
中詰材（植生基材）厚さ	$d' = 0.05 \text{m}$
吹付モルタルの圧縮強度（設計基準強度）	$f_{ck} = 18 \text{N/mm}^2$
鉄筋の引張降伏強度	$f_y = 295 \text{N/mm}^2$
増加させる安全率	$\varDelta F_s = 0.2$

表6.3　フリーフレーム工で抑止可能な崩壊の規模

のり枠タイプ		200×200	200×200	300×300	300×300
枠スパン（横×縦）　　(m)		1.50×1.20	1.20×1.20	2.00×2.00	2.00×2.00
のり勾配	深さ D(m)	L　(m)			
1：0.5	0.50	5.4	6.7	10.8	16.4
(63.43°)	1.00	2.2	2.5	3.5	4.8
1：0.8	0.50	6.1	7.6	12.4	19.0
(51.34°)	1.00	2.3	2.7	3.8	5.4
1：1.0	0.50	6.7	8.4	13.7	20.6
(45.00°)	1.00	2.5	2.9	4.1	5.9
枠幅	b(mm)	200	200	300	300
有効高さ	d(mm)	155	155	235	235
鉄筋(上下各々)		D10×2本	D10×2本	D13×2本	D16×2本

単鉄筋計算　　　　　　　　　　　　　　　　　　　　　　　　　　（フリーフレーム協会資料）

※下記の場合には、抑制工として用いることはできない。

　・のり中間からの崩壊に対して深さが1.0m を越えるような崩壊

6.2　抑止工

6.2.1　鉄筋挿入工との併用工（切土補強土工）・フリーフレーム F-300

(1)　設計の考え方

　①　参考資料

　「道路土工のり面工・斜面安定工指針」日本道路協会

　「切土補強土工法設計・施工要領」NEXCO

　「急傾斜地崩壊防止工事技術指針」全国治水砂防協会

　「のり枠工の設計・施工指針（改訂版）」全国特定法面保護協会

　②　解析手法

　斜面安定工の設計において切土のり面の安定性は、地山の複雑さ（風化・亀

裂など）や影響要因の不確実性から理論的に判断することは困難であり、現段階では実際の崩壊例や設計事例などを主に整理することが合理的である。

　ここでは地質分類を風化岩と仮定し、逆算法により設計用土質定数を設定するものとする。

　なお、安定解析に際しては風化岩の種類を第三紀層の堆積岩とし、すべり面せん断強さのうち内部摩擦角 ϕ を既存資料などにより設定した後、粘着力を算定する。

③　すべりの形状と安全率の設定

　切土のり面または自然斜面で表層部（1.0～2.0m）が不安定となった場合、表層すべりが考えられる。

　このような不安定斜面の対策として、フリーフレーム工と鉄筋挿入工（ロックボルト工）を組み合わせることにより、従来から施工されている石積工、ブロック積工、張コンクリート工などに比較して合理的な斜面対策工を施工することが可能である。

　図6.3のような切土のり面において安定を検討してみる。

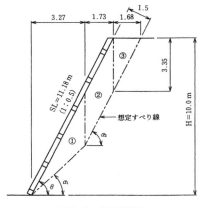

図6.3　検討断面

※　鉄筋挿入工（ロックボルト工）の計算は許容応力度法による。

(1)　補強前の安定解析

　①　設計条件

　　　地質　　　　　　　　　　　　　　　　　風化岩

　　　単位重量　　　　　　　　　　　　　　　$\gamma_t = 20.0 \text{kN/m}^3$

　　　内部摩擦角　　　　　　　　　　　　　　$\phi = 25°$

　安定計算の方法を次に示す。なお、粘着力 C は現状安全率（$Fs_0 = 1.00$）より設定するものとする。

　　　崩壊の形態　　　　　　　　　　　表層崩壊、滑落およびくさび状の崩壊など

　　　現状安全率　　　　　　　　　　　　　　$Fs_0 = 1.00$

　　　計画安全率　　　　　　　　　　　　　　$Fsa = 1.20$

　　　切土勾配　　　　　　　　　　　　　　　1 : 0.5

　　　斜面傾斜角　　　　　　　　　　　　　　$\theta = 63.43°$

　　　切土高　　　　　　　　　　　　　　　　$H = 10.0 \text{m}$

　　　崩壊の深さ　　　　　　　　　　　　　　$D = 1.5 \text{m}$

　　　すべり角

$$\alpha_1 = \frac{\theta + \phi}{2} = \frac{63.43° + 25°}{2} = 44.22°$$

$$\alpha_2 = 63.43°$$

　すべり面長 $\Sigma L = 12.17 \text{m}$

　②　逆算（粘着力の算出）

$$Fs_0 = \frac{S_1}{Q}$$

　　　S_1：すべり抵抗力 $= \Sigma(W \cdot \cos\alpha \cdot \tan\phi + C \cdot L)$　（kN/m）

　　　Q：すべり力 $= \Sigma W \cdot \sin\alpha$　（kN/m）

$$= \frac{\Sigma(W \cdot \cos\theta \cdot \tan\phi + C \cdot L)}{\Sigma W \cdot \sin\theta}$$

　$\phi = 25°$ より

$$C=\frac{Fs_0 \cdot \Sigma W \cdot \sin\theta - \Sigma W \cdot \cos\theta \cdot \tan\phi}{\Sigma L}$$

$$=\frac{1.0 \times 230.4 - 72.5}{12.17}$$

$$=13.0 \text{kN/m}^2$$

③　必要抑止力

$$Fsa=\frac{\Sigma(W \cdot \cos\theta \cdot \tan\phi + C \cdot L) + Pr}{\Sigma W \cdot \sin\theta} \text{ より}$$

$$Pr=Fsa \cdot \Sigma W \cdot \sin\theta - \Sigma(W \cdot \cos\theta \cdot \tan\phi + C \cdot L)$$

$$=1.2 \times 230.4 - (72.5 + 158.3)$$

$$=45.7 \text{kN/m}$$

(3)　補強後の安定解析

①　設計条件

補強材の許容引張応力度（SD345）	$\sigma_{as}=200 \text{N/mm}^2$
のり面工の低減係数 μ（のり枠工）	$\mu=1.0$
補強材引張力の低減係数 λ	$\lambda=0.7$
引抜に対する安全率（極限周面摩擦抵抗安全率）	$Fsa=2.0$
注入材と補強材の許容付着応力度	$\tau_a=1.6 \text{N/mm}^2$
極限周面摩擦抵抗	$\tau=0.5 \text{N/mm}^2$

表6.4　計算一覧

No	a (m)	b_1 (m)	b_2 (m)	A (m²)	W (kN/m)	α (°)	$W \cdot \sin\theta$ (kN/m)	$W \cdot \cos\theta$ $\cdot \tan\phi$ (kN/m)	L (m)	$C \cdot L$ (kN/m)
①	3.27	0.00	3.35	5.48	109.60	44.22	76.4	36.6	4.56	59.3
②	1.73	3.35	3.35	5.80	116.00	63.43	103.7	24.2	3.86	50.2
③	1.68	3.35	0.00	2.81	56.20	63.43	50.3	11.7	3.75	48.8
計							230.4	72.5	12.17	158.3

② 補強材諸元

補強材径	D22
断面積（※腐食しろを 1 mm 考慮する）	$As = 353.0mm^2$
削孔径	65mm
打設角度（※のり面に直角とする）	$\delta = 26.57°$
打設ピッチ（水平）	Dh = 2.0m
打設ピッチ（垂直）	Dv = 2.0m
段数	n = 5 段
補強材長	$l = 3.0m$
定着長（補強材長 − 枠高0.3m − 締付余長0.1m）	$l' = 2.6m$

③ 補強後の安全率

安全率

$$Fs = \frac{S}{Q} = \frac{S_1 + S_2 + S_3}{Q} \geq （計画安全率）$$

Q：すべり力 $= \Sigma W \cdot \sin \alpha$ （kN/m）

S_1：すべり抵抗力 $= \Sigma (W \cdot \cos \alpha \cdot \tan \phi + C \cdot L)$ （kN/m）

S_2：補強材による抵抗力（引き止め力）

$S_2 = \Sigma Tm \cdot \cos \beta$ （kN/m）

S_3：補強材による抵抗力（締め付け力）

$S_3 = \Sigma Tm \cdot \sin \beta \cdot \tan \phi$ （kN/m）

Tm：補強材の設計引張力（kN/m）

β：補強材とすべり面とのなす角（°）

ϕ：内部摩擦角（°）

すべり力　$Q = \Sigma W \cdot \sin \alpha$

$= 230.4kN/m$

すべり抵抗力　$S_1 = \Sigma (W \cdot \cos \alpha \cdot \tan \phi + C \cdot L)$

$= 230.8kN/m$

作用荷重 $Td = \lambda \cdot Tpa$

設計引張力　$Tm = \dfrac{Td}{Dh}$

　　　　　　Td：作用荷重（kN／本）

　　　　　　λ：補強材の引張力の低減係数（＝0.7）

　　　　　Tpa：補強材の許容補強材力（kN／本）

　　　　　　Dh：補強材の水平打設間隔（m）

補強材の許容補強材力

　　引張補強材が地山の変形、滑動によって受ける引張力には、以下のものがある。

　　　　a．移動土塊から受ける引抜抵抗力（T_1pa）

　　　　b．不動地山から受ける引抜抵抗力（T_2pa）

　　　　c．補強材の許容引張力（Tsa）

　　安定性の検討に使用される補強材の許容補強材力Tpaは、これらのうち最も小さいものとする。

　　　　$Tpa = \min\ [T_1pa、T_2pa、Tsa]$

　　　Tpa：補強材の許容補強材力（kN／本）

　　許容補強材力Tpaの算出に用いられるT_2paおよび補強材の許容付着力taは地山と注入材あるいは、注入材と補強材の許容付着力より与えられる。

$T_2pa = l_2 \cdot ta$

　　　$ta = \min\ [tpa、tca]$

　　　　　$= \min\ [51.05、110.58]$

　　　　$= 51.05\text{kN/m}$

　　$tpa = \dfrac{\tau \cdot \pi \cdot D}{Fsa}$

　　　　　$= \dfrac{0.50 \times 10^3 \times \pi \times 0.065}{2.0}$

　　　　$= 51.05\text{kN/m}$

$$tca = \tau_a \cdot \pi \cdot d$$

$$= 1.6 \times 10^3 \times \pi \times 0.022$$

$$= 110.58 \text{kN/m}$$

ta：許容付着力（kN/m）

tpa：地山と注入材の許容付着力（kN/m）

τ：地山と注入材の極限周面摩擦抵抗力（kN/m^2）

D：削孔径（m）

Fsa：極限周面摩擦抵抗力の計画安全率

tca：補強材と注入材の許容付着力（kN/m）

τ_a：補強材と注入材の許容付着応力（kN/m^2）

d：補強材径（m）

l_2：不動地山の有効定着長（m）

$$T_1pa = \frac{1}{1-\mu} \cdot l_1 \cdot ta$$

μ：のり面工の低減係数

l_1：移動土塊の有効定着長（m）

※ただし、フリーフレーム工を使用するためT_1paは考慮しない（無視する）。

補強材の許容引張力は、

$$Tsa = \sigma_{sa} \cdot As$$

σ_{sa}：補強材の許容引張応力度（N/mm^2）

As：補強材の断面積（mm^2）

$$= 200 \times 353.0$$

$$= 70,600 \text{N/本} \rightarrow 70.6 \text{kN/本}$$

補強後の安全率計算結果

$$Fs = \frac{S_1 + S_2 + S_3}{Q} \geq （計画安全率）$$

表6.5　補強後安全率の計算

項　目	計算結果
最小安全率	1.272＞1.200　OK
すべり力 Q（kN/m）	230.4
すべり抵抗力 S_1（kN/m）	230.8
補強材による抵抗力 S_2（kN/m）	14.88
補強材による抵抗力 S_3（kN/m）	47.39

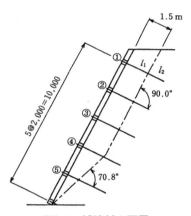

図6.4　補強材の配置

表6.6　補強材の設計引張力（作用荷重）の算出

補強材	β	移動土塊の定着長	不動土塊の定着長	T_1pa	T_2pa	Tsa	Tpa	Td	Tm	ϕ	Tm・$\cos\beta$	Tm・$\sin\beta$・$\tan\phi$
No	(度)	l_1(m)	l_2(m)	(kN/本)	(kN/本)	(kN/本)	(kN/本)	(kN/本)	(kN/m)	(°)	(kN/m)	(kN/m)
①	90.0	1.50	1.10	—	56.2	70.6	56.2	39.3	19.7	25	0.00	9.15
②	90.0	1.50	1.10	—	56.2	70.6	56.2	39.3	19.7	25	0.00	9.15
③	90.0	1.50	1.10	—	56.2	70.6	56.2	39.3	19.7	25	0.00	9.15
④	70.8	1.45	1.15	—	58.7	70.6	58.7	41.1	20.5	25	6.76	9.05
⑤	70.8	0.75	1.85	—	94.4	70.6	70.6	49.4	24.7	25	8.12	10.88
計											14.88	47.39

(4)　フリーフレームの設計

・鉄筋挿入工との併用の場合、一般に使用限界状態の照査は省略してよいため、終局限界状態に対する検討を行う。

・終局限界状態において、フリーフレームの設計断面力の算出に用いる設計荷重は、作用荷重に荷重係数を乗じて求める。（設計荷重＝作用荷重×荷重係数（$\gamma_f = 1.2$））

　① 設計条件

　ⅰ．荷重

　　作用荷重（Tdの最大値を採用）　　　　　　　　　Td＝49.4kN/本

　　設計荷重　　　　　　　　Pd＝γ_f×Td＝1.2×49.4＝59.3kN/本

　ⅱ．フリーフレーム枠

　　横枠のスパン長　　　　　　　　　　　　　　Lx＝2.00m

　　縦枠のスパン長　　　　　　　　　　　　　　Ly＝2.00m

　　枠幅　　　　　　　　　　　　　　　　　　　b＝300mm

　　枠高　　　　　　　　　　　　　　　　　　　h＝300mm

　　枠の有効高さ　　　　　　　　　　　　　　　d＝235mm

　ⅲ．補強材のピッチ

　　補強材の横ピッチ　　　　　　　　　　　　　Dh＝2.00m

　　補強材の縦ピッチ　　　　　　　　　　　　　Dv＝2.00m

　ⅳ．鉄筋

　　鉄筋（SD345）D13×2本を上下に使用する。

　　引張鉄筋量　　　　　　　　　As＝126.7×2本＝253.4mm^2

　　a．引張降伏強度の特性値　　　　　　　　f_y＝345N/mm^2

　　b．材料係数　　　　　　　　　　　　　　γ_s＝1.0

　　c．設計引張降伏強度　　　　　f_{yd}＝f_y/γ_s＝345N/mm^2

　　d．弾性係数　　　　　　　　　　　　　　E_s＝200kN/mm^2

　ⅴ．モルタル

　　a．圧縮強度の特性値（設計基準強度）　　　f'_{ck}＝18N/mm^2

b．材料係数　　　　　　　　　　　　　　　　$\gamma_c = 1.3$

c．設計圧縮強度　　　　　　　　　　　$f'_{cd} = f'_{ck} / \gamma_c = 13.85 \text{N/mm}^2$

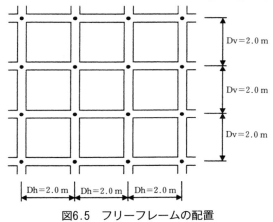

図6.5　フリーフレームの配置

② 梁の種類の決定

(a) 地山の地盤反力が明確ではない。

(b) 縦横枠の剛性が等しい。

(c) 縦横枠スパンが等しい（2倍以上の比率ではない）。

上記、(a)より補強材設計荷重による地盤反力が枠に等分布荷重として作用する単純梁とするのが安全側である。また、、．より2方向梁として検討するのが適している。

③ 曲げモーメント・せん断力

・地盤からの反力（等分布荷重）

$$w = \frac{P_d}{Lx + Ly - b} = \frac{59.3}{2.00 + 2.00 - 0.3} = 16.03 \text{kN/m} \qquad Lx = Ly = 2.00\text{m}$$

$$b = 0.30\text{m}$$

・設計曲げモーメント

$$M_d = \frac{1}{8} w \cdot L^2 = \frac{1}{8} \times 16.03 \times 2.00^2 = 8.02 \quad \text{kN·m} \qquad L = Lx = Ly = 2.00\text{m}$$

・設計せん断力

$$V_d = \frac{1}{2} w \cdot L = \frac{1}{2} \times 16.03 \times 2.00 = 16.03 \quad kN$$

④　断面諸係数

［鉄筋比］

$$p = \frac{A_s}{b \cdot d} = \frac{253.4}{300 \times 235} = 0.0036$$

［釣合鉄筋比］

$a = 0.88 - 0.004 f'_{ck}$　　　ただし、$a \leqq 0.68$　　　釣合鉄筋比に関する係数

$\quad = 0.88 - 0.004 \times 18$

$\quad = 0.81$　　　　　　　より、　$a = 0.68$

$\varepsilon'_{cu} = \dfrac{155 - f'_{ck}}{30,000}$　　　　　ただし、　$0.0025 \leqq \varepsilon'_{cu} \leqq 0.0035$

$\quad = \dfrac{155 - 18}{30,000}$　　　　　ε'_{cu}：モルタルの終局ひずみ

$\quad = 0.0046$　　　　　　より、　$\varepsilon'_{cu} = 0.0035$

f_{yd}　 $345 N/mm^2$　　　　　　　　鉄筋の設計引張降伏強度

$f'_{cd} = f'_{ck}/\gamma_c = 13.85 N/mm^2$　　　モルタルの設計圧縮強度

$E_s = 200$　 kN/mm^2　　　　　　　鉄筋の弾性係数

$p_b = a \cdot \dfrac{\varepsilon'_{cu}}{\varepsilon'_{cu} + f_{yd}/E_s} \cdot \dfrac{f'_{cd}}{f_{yd}}$

$\quad = 0.68 \times \dfrac{0.0035}{0.0035 + 345/(200 \times 10^3)} \times \dfrac{13.85}{345} = 0.0183$

$p = 0.0036 < 0.75 \cdot p_b = 0.0137$　---　OK

⑤　安全性能の照査

安全性能の照査は、終局限界状態の曲げとせん断破壊に対して行う。

ⅰ．曲げモーメントに対する照査

終局曲げ耐力：M_u

$\beta = 0.52 + 80\,\varepsilon'_{cu}$　　　　　　　　β：等価応力ブロック高さに関する係数

　　$= 0.52 + 80 \times 0.0035 = 0.8$

$k_1 = 1 - 0.003f_{ck}$　　　　ただし、$k_1 \leqq 0.85$　　　k_1：モルタル強度の低減係数

　　$= 1 - 0.003 \times 18 = 0.95$　より、$k_1 = 0.85$

$k_2 = \beta/2$

　　$= 0.4$

$$M_u = b \cdot d^2 \cdot p \cdot f_{yd} \cdot \left(1 - \frac{k_2}{\beta \cdot k_1} \cdot \frac{p \cdot f_{yd}}{f'_{cd}}\right)$$

$$= 0.3 \times 0.235^2 \times 0.0036 \times 345000 \times \left(1 - \frac{0.4}{0.8 \times 0.85} \times \frac{0.0036 \times 345000}{13850}\right)$$

$$= 19.49 \text{kN} \cdot \text{m}$$

設計曲げ耐力：M_{ud}

$$M_{ud} = \frac{M_u}{\gamma_b} = \frac{19.49}{1.15} = 16.95 \text{kN} \cdot \text{m}$$　　γ_b：終局限界状態の部材係数　1.15

安全性に対する照査

$$\gamma_1 \cdot \frac{M_d}{M_{ud}} = 1.2 \times \frac{8.02}{16.95} = 0.57 \leqq 1.00 \text{---OK}$$

γ_1：終局限界状態の構造物係数1.2

ⅱ．せん断力に対する照査

　a）吹付モルタルが負担する設計せん断耐力：V_{cd}

$f_{vcd} = 0.20 \times (f_{cd})^{1/3}$

　　　　ただし $f_{vcd} \leqq 0.72 \text{N/mm}^2$：モルタルのせん断強度

　　　$= 0.20 \times (13.85)^{1/3}$　　　　f'_{cd}：モルタルの設計圧縮強度

　　　$= 0.48 \text{ N/mm}^2$

$\beta_d = (1000/d)^{1/4}$　　　$\beta_d \leqq 1.5$：せん断耐力の有効高さに関する係数

　　　$= (1000/235)^{1/4}$　　　　　d：有効高さ（mm）

　　　$= 1.44$

$\beta_p = (100 \cdot p)^{1/3}$　　　$\beta_p \leqq 1.5$：せん断耐力の軸方向鉄筋比に関する係数

$$= (100 \times 0.0036)^{1/3} \qquad \text{p：鉄筋比}$$

$$= 0.71$$

$\beta_n = 1.00$ 　　　　　　　　　β_n：せん断耐力の軸方向力に関する係数

$V_{cd} = \beta_d \cdot \beta_p \cdot \beta_n \cdot f_{vcd} \cdot b \cdot d / \gamma_b$ 　　　　　　　b：枠幅（mm）

$\qquad = 1.44 \times 0.71 \times 1.00 \times 0.48 \times 300 \times 235 / 1.3$ 　　γ_b：部材係数　1.3

$\qquad = 26,613 \text{N}$

b）設計せん断耐力（V_{yd}）

せん断補強筋を使用しなくてすむので、設計せん断耐力 V_{yd} は、

$V_{yd} = V_{cd} = 26,613 \text{N}$

c）安全性に対する照査

$$\gamma_i \cdot \frac{V_d}{V_{yd}} = 1.2 \times \frac{16,030}{26,613} = 0.73 \leq 1.00 \text{---OK}$$

　　　　　　　　　　　　　　　　　γ_i：終局限界状態の構造物係数1.2

　ここまでの計算例は、作用荷重が小さいためせん断補強筋を使用しなくてすむが、作用荷重が大きいケースではせん断補強筋が必要になるため、以下にその計算例を示す。

　※作用荷重　Td＝100.0　kN　となった場合

　　　　　⑷フリーフレームの設計から示す。

⑷　フリーフレームの設計

・鉄筋挿入工との併用の場合、使用限界状態の照査は省略してよいため、終局限界状態に対する検討を行う。

・終局限界状態において、フリーフレームの設計断面力の算出に用いる設計荷重は、作用荷重に荷重係数を乗じて求める。

　　（設計荷重＝作用荷重×荷重係数（$\gamma_f = 1.2$））

　①　設計条件

　ⅰ．荷重

　　作用荷重（Tdの最大値を採用）　　　　　　　　　Td＝100.0kN／本

設計荷重　　　　　　　　　$Pd = \gamma_f \times Td = 1.2 \times 100.0 = 120.0 kN/本$

ⅱ．フリーフレーム枠

　横枠のスパン長　　　　　　　　　　　$Lx = 2.00m$

　縦枠のスパン長　　　　　　　　　　　$Ly = 2.00m$

　枠幅　　　　　　　　　　　　　　　　$b = 300mm$

　枠高　　　　　　　　　　　　　　　　$h = 300mm$

　枠の有効高さ　　　　　　　　　　　　$d = 235mm$

ⅲ．補強材のピッチ

　補強材の横ピッチ　　　　　　　　　　$Dh = 2.00m$

　補強材の縦ピッチ　　　　　　　　　　$Dv = 2.00m$

ⅳ．鉄筋

　鉄筋（SD345）D16×2本を上下に使用する。

　　　　　　引張鉄筋量　　　　　　　$As = 198.6 \times 2本 = 397.2mm^2$

　a．引張降伏強度の特性値$f_{..} = 345N/mm^2$

　b．材料係数　　　　　　　　　　　　　　　　　　$\gamma_y = 1.0$

　c．設計引張降伏強度　　　　　　　$f_y = f_y / \gamma_s = 345N/mm^2$

　d．弾性係数　　　　　　　　　　　$E_s = 200 kN/mm^2$

ⅴ．モルタル

　a．圧縮強度の特性値（設計基準強度）　　　　　$f_{ck} = 18N/mm^2$

　b．材料係数　　　　　　　　　　　　　　　　$\gamma_c = 1.3$

　c．設計圧縮強度　　　　　　　$f_{cd} = f_{ck} / \gamma_c = 13.85N/mm^2$

②　梁の種類の決定

　(a)　地山の地盤反力が明確ではない。

　(b)　縦横枠の剛性が等しい。

　(c)　縦横枠スパンが等しい（2倍以上の比率ではない）。

上記、(a)より補強材設計荷重による地盤反力が枠に等分布荷重として作用する単純梁とするのが安全側である。また、(b)、(c)より2方向梁として検討するのが適している。

③　曲げモーメント・せん断力

$$w=\frac{P_d}{Lx+Ly-b}=\frac{120.0}{2.00+2.00-0.3}=32.44kN/m \qquad Lx=Ly=2.00m$$

$$b=0.30m$$

・設計曲げモ-メント

$$M_d=\frac{1}{8}w\cdot L^2=\frac{1}{8}\times32.44\times2.00^2=16.22 \quad kN\cdot m \qquad L=Lx=Ly=2.00m$$

・設計せん断力

$$V_d=\frac{1}{2}w\cdot L=\frac{1}{2}\times32.44\times2.00=32.44 \quad kN$$

④　断面諸係数

［鉄筋比］

$$p=\frac{A_s}{b\cdot d}=\frac{397.2}{300\times235}=0.0056$$

［釣合鉄筋比］

$\alpha=0.88-0.004f_{ck}$　　　　ただし、$\alpha\leq0.68$ 釣合鉄筋比に関する係数

　$=0.88-0.004\times18$

　$=0.81$ より、$\alpha=0.68$

$\varepsilon'_{cu}=\dfrac{155-f'_{ck}}{30,000}$　ただし、　$0.0025\leq\varepsilon'_{cu}\leq0.0035$

　$=\dfrac{155-18}{30,000}$　　　　　　　　　ε'_{cu}：モルタルの終局ひずみ

　$=0.0046$　より、　$\varepsilon'_{cu}=0.0035$

$f_{yd}=345N/mm^2$　　　　　　　　f_{yd}：鉄筋の設計引張降伏強度

$f'_{cd}=f'_{ck}/\gamma_c=13.85N/mm^2$　　　　f'_{cd}：モルタルの設計圧縮強度

$E_s=200 \quad kN/mm^2$　　　　　　E_s：鉄筋の弾性係数

$$p_b=\alpha\cdot\frac{\varepsilon'_{cu}}{\varepsilon'_{cu}+f_{yd}/E_s}\cdot\frac{f'_{cd}}{f_{yd}}$$

$$= 0.68 \times \frac{0.0035}{0.0035 + 345/(200 \times 10^3)} \times \frac{13.85}{345} = 0.0183$$

$p = 0.0056 < 0.75 \cdot p_b = 0.0137$　---　OK

⑤　安全性能の照査

安全性能の照査は、終局限界状態の曲げとせん断破壊に対して行う。

ⅰ．曲げモーメントに対する照査

終局曲げ耐力：M_u

$\beta = 0.52 + 80\,\varepsilon'_{cu}$　　　　　　　　β：等価応力ブロック高さに関する係数

　　$= 0.52 + 80 \times 0.0035 = 0.8$

$k_1 = 1 - 0.003 f_{ck}$　　　ただし、$k_1 \leqq 0.85$　　k_1：モルタル強度の低減係数

　　$= 1 - 0.003 \times 18 = 0.95$　より、　$k_1 = 0.85$

$k_2 = \beta/2$

　　$= 0.4$

$$M_u = b \cdot d^2 \cdot p \cdot f_{yd} \cdot \left(1 - \frac{k_2}{\beta \cdot k_1} \cdot \frac{p \cdot f_{yd}}{f'_{cd}}\right)$$

$$= 0.3 \times 0.235^2 \times 0.0056 \times 345000 \times \left(1 - \frac{0.4}{0.8 \times 0.85} \times \frac{0.0056 \times 345000}{13850}\right)$$

$$= 29.38\,\text{kN} \cdot \text{m}$$

設計曲げ耐力：M_{ud}

$$M_{ud} = \frac{M_u}{\gamma_b}　\frac{29.38}{1.15} = 25.55\,\text{kN} \cdot \text{m}$$　　γ_b：終局限界状態の部材係数　1.15

安全性に対する照査

$$\gamma_i \cdot \frac{M_d}{M_{ud}} = 1.2 \times \frac{16.22}{25.55} = 0.76 \leqq 1.00 \text{---OK}$$

γ_i：終局限界状態の構造物係数1.2

ⅱ．せん断力に対する照査

a）吹付モルタルが負担する設計せん断耐力：V_{cd}

$f_{vcd} = 0.20 \times (f_{cd})^{1/3}$

ただし $f_{vcd} \leqq 0.72\text{N/mm}^2$：モルタルのせん断強度

$\quad = 0.20 \times (13.85)^{1/3}$ $\qquad\qquad$ f_{cd}：モルタルの設計圧縮強度

$\quad = 0.48 \text{ N/mm}^2$

$\beta_d = (1000/d)^{1/4}$ $\qquad$ $\beta_p \leqq 1.5$：せん断耐力の有効高さに関する係数

$\quad = (1000/235)^{1/4}$ $\qquad$ d：有効高さ（mm）

$\quad = 1.44$

$\beta_p = (100 \cdot p)^{1/3}$ $\qquad$ $\beta_n \leqq 1.5$：せん断耐力の軸方向鉄筋比に関する係数

$\quad = (100 \times 0.0056)^{1/3}$ $\qquad$ p：鉄筋比

$\quad = 0.82$

$\beta_n = 1.00$ $\qquad\qquad$ β_n：せん断耐力の軸方向力に関する係数

$V_{cd} = \beta_d \cdot \beta_p \cdot \beta_n \cdot f_{vcd} \cdot b \cdot d / \gamma_b$ $\quad$ b：枠幅（mm）

$\quad = 1.44 \times 0.82 \times 1.00 \times 0.48 \times 300 \times 235/1.3$

$\qquad\qquad$ γ_b：部材係数　1.3

$\quad = 30,737\text{N}$

b）設計せん断耐力（V_{yd}）

せん断補強筋を使用しない場合の設計せん断耐力V_{yd}は、

$V_{yd} = V_{cd} = 30,737\text{N}$

c）腹部モルタルの設計斜め圧縮破壊力（V_{wcd}）の検討

腹部モルタルが脆性的なせん断破壊に至らないことを確認する。

$f_{wcd} = 1.25 \cdot f_{cd}^{1/2} = 1.25 \times 13.85^{1/2} = 4.65\text{N/mm}^2$

ただし $f_{wcd} \leqq 7.8\text{N/mm}^2$

$V_{wcd} = f_{wcd} \cdot b \cdot d / \gamma_b = 4.65 \times 300 \times 235/1.3 = 252,173\text{N}$ $\quad$ γ_b：部材係数1.3

$V_{yd}(= 30,737\text{N}) \leqq V_{wcd}(= 252,173\text{N})$---OK

d）安全性に対する照査

$$\gamma_i \cdot \frac{V_d}{V_{yd}} = 1.2 \times \frac{32,440}{30,737} = 1.27 > 1.00 \text{---NG}$$

$\qquad\qquad$ γ_1：終局限界状態の構造物係数1.2

よってせん断補強筋必要。

e）せん断補強筋が負担する設計せん断耐力（V_{sd}）の算出

使用するせん断補強筋の仕様を以下に示す。

区間sにおけるスターラップの総断面積（2－D10）　　　$A_W = 142.66$　mm^2

スターラップの配置ピッチ　　　　　　　　　　　　　$s = 250$　mm

せん断補強筋の設計降伏強度　　　　　　　　　　　$f_{wyd} = 295$　N/mm^2

圧縮応力の合力位置から鉄筋図芯までの距離

$$z = d/1.15 = 235/1.15 = 204.3mm$$

$$V_{sd} = (A_W \times f_{wyd}/s) \times z/\gamma_b$$

$$= (142.66 \times 295/250) \times 204.3/1.1 = 31,265N \quad \gamma_b：部材係数　1.1$$

f）設計せん断耐力（V_{yd}）の算出

$$V_{yd} = V_{cd} + V_{sd} = 30,737 + 31,265 = 62,002N$$

g）腹部モルタルの設計斜め圧縮破壊力（V_{wyd}）の検討

せん断補強筋が降伏せずに、腹部モルタルの圧縮破壊が先行し、脆性的なせん断破壊に至らないことを確認する。

$$f_{wcd} = 1.25 \cdot f_{cd}^{1/2} = 1.25 \times 13.85^{1/2} = 4.65N/mm^2 ただし f_{wcd} \leqq 7.8N/mm^2$$

$$V_{wcd} = f_{wcd} \cdot b \cdot d/\gamma_b = 4.65 \times 300 \times 235/1.3 = 252,173N$$

$$\gamma_b：部材係数1.3$$

$$V_{yd}(= 62,002N) \leqq V_{wcd}(= 252,173N) \text{ ---OK}$$

h）安全性に対する照査

$$\gamma_l \cdot \frac{V_d}{V_{wcd}} = 1.2 \times \frac{32,440}{252,173} = 0.16 \leqq 1.00 \text{---OK}$$

【参考】許容応力度法による設計例（設計荷重Td＝49.4kN/本）

① 設計条件

補強材の設計荷重は限界状態設計法による数値を用いる。

② 許容応力度

各種許容応力度は2002年制定コンクリート標準示方書［構造性能照査編］を参考とした。

設計荷重（Tdの最大値を採用）　　　　　Td ＝ 49.4kN／本

横枠スパン長　　　　　　　　　　　　　Lx ＝ 2.00m

縦枠スパン長　　　　　　　　　　　　　Ly ＝ 2.00m

補強材の横ピッチ　　　　　　　　　　　Dh ＝ 2.0m

補強材の縦ピッチ　　　　　　　　　　　Dv ＝ 2.0m

枠の有効高さ　　　　　　　　　　　　　b ＝ 235mm

吹付モルタルの設計基準強度　　　　　　σck ＝ 18N／mm^2

吹付モルタルの許容曲げ圧縮応力度　　　σca ＝ 7N／ mm^2

吹付モルタルの許容せん断応力度　　　　τca ＝ 0.4N／mm^2

鉄筋と吹付モルタルの許容付着応力度　　τoa ＝ 1.4N／mm^2

鉄筋の許容引張応力度（SD345）　　　　σsa ＝ 196N／mm^2

③　梁の種類の決定

　(a)　地山の地盤反力が明確ではない。

　(b)　縦横枠の剛性が等しい。

　(c)　縦横枠スパンが等しい（2倍以上の比率ではない）。

　　上記、(a)より補強材設計荷重による地盤反力が枠に等分布荷重として作用する単純梁とするのが安全側である。また、(b)、(c)より2方向梁として検討するのが適している。

④　曲げモーメント・せん断力

・地盤からの反力（等分布荷重）

$$w = \frac{P_d}{Lx + Ky - b} = \frac{49.4}{2.00 + 2.00 - 0.3} = 13.35 \text{kN/m} \quad Lx = Ly = 2.00\text{m}$$

$$b = 0.30\text{m}$$

・最大曲げモーメント

$$Md = \frac{1}{8} w \cdot L^2 = \frac{1}{8} \times 13.35 \times 2.00^2 = 6.68 \text{kN·m} \qquad L = Lx = Ly = 2.00\text{m}$$

・最大せん断力

$$Vd = \frac{1}{2}w \cdot L = \frac{1}{2} \times 13.35 \times 2.00 = 13.35 \text{kN}$$

⑤　応力度の照査

単鉄筋長方形断面として応力度を照査する。

・断面の設定

　　枠幅　b = 300mm

　　有効高さ　h = 235mm

　　鉄筋　D13 × 上下各2本

　　鉄筋断面積　As = 253.4mm^2

$$P = \frac{As}{b \cdot d} = \frac{253.4}{300 \times 235} = 0.00359$$

n = 15

これより係数k,j,mは

$$k = \sqrt{2n \cdot p + (n \cdot p)^2} - n \cdot p$$
$$= \sqrt{2 \times 15 \times 0.00359 + (15 \times 0.00359)^2} - 15 \times 0.00359 = 0.27872$$

$$j = 1 - \frac{k}{3} = 1 - \frac{0.27872}{3} = 0.907$$

$$m = \frac{k}{2 \cdot p} = \frac{0.27872}{2 \times 0.00359} = 38.8$$

・モルタルの圧縮強度

$$\sigma c = \frac{\sigma s}{m} = \times \frac{123.7}{38.8}$$

$$= 3.2 \text{N/mm}^2 \leqq 7 \text{N/mm}^2 \quad \cdots \text{OK}$$

・鉄筋の引張応力度

$$\sigma s = \frac{M}{A_s \cdot j \cdot d} = \frac{6.68 \times 10^6}{253.4 \times 0.907 \times 235}$$

$$= 123.7 \text{N/mm}^2 \leqq 196 \text{N/mm}^2 \quad \cdots \text{OK}$$

$$= \frac{6.68 \times 10^6}{300 \times 235^2} \times 307.11 = 123.8 \text{N/mm}^2 \quad < \quad \sigma \text{sa} = 196 \text{N/mm}^2 \quad \text{OK}$$

・モルタルのせん断応力度

$$\tau \text{c} = \frac{\text{S}}{\text{b} \cdot \text{j} \cdot \text{d}}$$

$$= \frac{13.35 \times 10^6}{300 \times 0.907 \times 235} = 0.21 \text{N/mm}^2 \quad < \quad \tau \text{ca} = 0.4 \text{N/mm}^2 \quad \text{OK}$$

・モルタルと鉄筋の付着応力度

$$\tau \text{o} = \frac{\text{S}}{\text{U} \cdot \text{j} \cdot \text{d}} \quad \text{U：鉄筋（D13）の全周長} = 40 \text{mm} \times 2 \text{本}$$

$$= \frac{13.35 \times 10^3}{(40 \times 2) \times 0.907 \times 235} = 0.78 \text{N/mm}^2 \quad < \quad \tau \text{oa} = 1.4 \text{N/mm}^2 \quad \text{OK}$$

【参考】許容応力度法による設計例（設計荷重Td＝100.0kN/本）

①設計条件

補強材の設計荷重は限界状態設計法による数値を用いる。

②許容応力度

各種許容応力度は2002年制定コンクリート標準示方書[構造性能照査編]を参考とした。

設計荷重（Tdの最大値を採用）	Td＝100.0kN/本
横枠スパン長	Lx＝2.00m
縦枠スパン長	Ly＝2.00m
補強材の横ピッチ	Dh＝2.0m
補強材の縦ピッチ	Dv＝2.0m
枠の有効高さ	b＝235mm
吹付モルタルの設計基準強度	σck＝18N/mm²
吹付モルタルの許容曲げ圧縮応力度	σca＝7N/mm²
吹付モルタルの許容せん断応力度	τca＝0.4N/mm²

鉄筋と吹付モルタルの許容付着応力度 $\quad\tau$ oa $=1.4\text{N/mm}^2$

鉄筋の許容引張応力度（SD345） $\quad\sigma$ sa $=196\text{N/mm}^2$

③ 梁の種類の決定

(a) 地山の地盤反力が明確ではない。

(b) 縦横枠の剛性が等しい。

(c) 縦横枠スパンが等しい（2倍以上の比率ではない）。

上記、(a)より補強材設計荷重による地盤反力が枠に等分布荷重として作用する単純梁とするのが安全側である。また、(b)、(c)より2方向梁として検討するのが適している。

④ 曲げモーメント・せん断力

・地盤からの反力（等分布荷重）

$$\text{w} = \frac{P_d}{Lx + Ly + b} = \frac{100.0}{2.00 + 2.00 - 0.3} = 27.03\text{kN/m} \quad Lx = Ly = 2.00\text{m}$$

$$b = 0.30\text{m}$$

・最大曲げモーメント

$$\text{M}_d = \frac{1}{8}\text{w}\cdot\text{L}^2 = \frac{1}{8}\times 27.03\times 2.00^2 = 13.52\text{kN}\cdot\text{m} \qquad \text{L} = Lx = Ly = 2.00\text{m}$$

・最大せん断力

$$\text{Vd} = \frac{1}{2}\text{w}\cdot\text{L} = \frac{1}{2}\times 27.03\times 2.00 = 27.03\text{kN}$$

⑤ 応力度の照査

単鉄筋長方形断面として応力度を照査する。

・断面の設定

枠幅 b $=300\text{mm}$

有効高さ h $=235\text{mm}$

鉄筋 D16×上下各2本

鉄筋断面積 As $=397.2\text{mm}^2$

$$P = \frac{As}{b \cdot d} = \frac{397.2}{300 \times 235} = 0.00563$$

$$n = 15$$

これより係数k,j,mは

$$k = \sqrt{2n \cdot p + (n \cdot p)^2} - n \cdot p$$

$$= \sqrt{2 \times 15 \times 0.00563 + (15 \cdot 0.00563)^2} - 15 \times 0.00563 = 0.33511$$

$$j = 1 - \frac{k}{3} = 1 - \frac{0.33511}{3} = 0.888$$

$$m = \frac{k}{2 \cdot p} = \frac{0.33511}{2 \times 0.00563} = 29.8$$

・モルタルの圧縮強度

$$\sigma c = \frac{\sigma s}{m} = \times \frac{163.2}{29.8}$$

$$= 5.5 \text{N/mm}^2 \leqq = \sigma_{ca} = 7 \text{N/mm}^2 \cdots \text{OK}$$

・鉄筋の引張応力度

$$\sigma s = \frac{M}{A_s \cdot j \cdot d} = \frac{13.52 \times 10^6}{397.2 \times 0.888 \times 235}$$

$$= 163.2 \text{N/mm}^2 \leqq = \sigma_{sa} = 196 \text{N/mm}^2 \cdots \text{OK}$$

・モルタルのせん断応力度

$$\tau c = \frac{S}{b \cdot j \cdot d}$$

$$= \frac{27.03 \times 10^3}{300 \times 0.888 \times 235} = 0.43 \text{N/mm}^2 > \tau ca = 0.4 \text{N/mm}^2$$

したがってスターラップ筋にて補強する。

$$Aw = \frac{Sh \cdot a}{\sigma sa \cdot j \cdot d} \qquad Sh：スターラップが受けるせん断力$$

$$Sh = S - \frac{1}{2} \cdot \tau_{ca} \cdot b \cdot j \cdot d$$

$$= 27.03 \times 10^3 - \frac{1}{2} \times 0.4 \times 300 \times 0.888 \times 235$$

$$= 14.51 \times 10^3 N$$

　　a：スターラップの間隔　250mm

$$Aw = \frac{14.51 \times 10^3 \times 250}{176 \times 0.888 \times 235} = 98.8 \text{mm}^2$$

よってスターラップはD10を使用する。

$$As = 71.33 \times 2 = 142.66 \text{mm}^2 > Aw \quad OK$$

・モルタルと鉄筋の付着応力度

　十分なスターラップを併用してせん断力を受けさせた場合にはせん断力を1/2に低減できる。

$$\tau o = \frac{S \ (1/2)}{U \cdot j \cdot d} \quad U：鉄筋（D16）の全周長 = 50\text{mm} \times 2本$$

$$= \frac{27.03 \times 10^3 \times \ (1/2)}{(50 \times 2) \times 0.888 \times 235} = 0.65 \text{N/mm}^2 \quad < \quad \tau oa = 1.4 \text{N/mm}^2 \quad OK$$

6.2.2　グラウンドアンカーとの併用工

　グラウンドアンカーとの併用工は、終局限界状態および使用限界状態について照査を行う。

　使用性能照査は、曲げひび割れとせん断ひび割れについて行う。ひび割れに対する照査は、設計ひび割れ幅が許容ひび割れ幅以下になることにより行う。

（1）　許容ひび割れ幅

　のり枠工の許容ひび割れ幅W_aは、表6.7の「一般の環境」で用いられることが多いので、標準的には0.005cとする。ただし、表6.7に適用できるかぶりcは、100mm以下を標準とする。

表6.7　許容ひび割れ幅W_a （mm）

鋼材の種類	鋼材の腐食に対する環境条件		
	一般の環境	腐食性環境	特に厳しい腐食性環境
異 形 鉄 筋 普 通 丸 鋼	0.005c	0.004c	0.0035c

・許容ひび割れ幅は、「のり枠工の設計・施工指針（改訂版第3版）」7.4参照。

(2)　計算例

　グラウンドアンカーとの併用工は、「のり枠工の設計・施工指針（改訂版第3版）」付録―1．吹付枠工の設計例参照。

　この中で、鉄筋の中心間隔C_sを算出するに必要な鉄筋の配置長l_1および鉄筋のかぶりcは、設計者の判断で安全性を満足する値を選定する。

　グラウンドアンカーの作用荷重、梁の種類、曲げモーメント、せん断力は以下により求める。

(3)　作用荷重および梁の種類

　枠に作用する荷重は、グラウンドアンカーの設計荷重およびその荷重に対する地盤からの反力とする。

　　　　P：アンカーなどの設計荷重（kN）

　　　　w：地盤からの反力（kN/m）

　地盤からの反力は、基本的に等分布荷重とし、アンカー位置を支点とした静定梁として計算する。ただし、地盤が硬質な場合は地盤反力が等分布とならず、アンカー近傍で大きく、少し離れると急激に減少すると考えられるため、アンカー荷重が直接集中荷重として作用する弾性支承上の梁として計算する。

　アンカーの荷重およびその地盤からの反力は、縦方向、横方向にほぼ均等に伝達されると考えられるため、枠に作用する荷重は、二方向梁として次式により算定する。

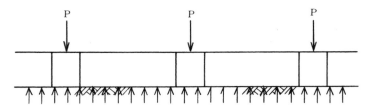

図6.6　作用荷重

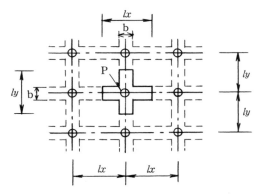

図6.7　グラウンドアンカーを各交点に打設した場合

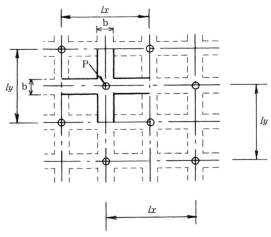

図6.8　グラウンドアンカーを千鳥に打設した場合

集中荷重　$Px = Py = \dfrac{P}{2}$

等分布荷重　$wx = wy = \dfrac{P}{lx + ly - b}$

ここでPx：横枠に作用する集中荷重

　　　Py：縦枠に作用する集中荷重

　　　wx：横枠に作用する等分布荷重

　　　wy：縦枠に作用する等分布荷重

　　　P：アンカー荷重

　　　lx：アンカー横方向ピッチ

　　　ly：アンカー縦方向ピッチ

　　　b：枠幅

　ただし、次の場合は、**縦枠あるいは横枠のどちらか一方にのみ荷重が作用する一方向梁**とする。

　ⅰ）縦横枠の剛性が異なる場合

　ⅱ）縦横方向のアンカーピッチの比が0.5未満の場合

　ⅲ）横枠の凹凸が大きい場合

　ⅳ）同一のり面で、土質が極端に異なる場合

　ⅰ）は剛性が大きい方、ⅱ）はアンカーピッチが大きい方の枠のみで、またⅲ）、ⅳ）は基本的に縦枠のみで計算する。

　作用荷重は次式により算定する。

　　　集中荷重　$Px = Py = P$

　　　等分布荷重　$wx = \dfrac{P}{lx}$　$wy = \dfrac{P}{ly}$

　周辺枠へはグラウンドアンカーの設置をさけ、周辺部に張出部を設けることが望ましい（図6.9.）。そのことにより枠に作用する荷重分布が均等になるとともに、アンカー本数、のり枠長を減じることができ、力学的、経済的に有利である。また、小段の上下に打設したアンカーの間隔を確保することができ、

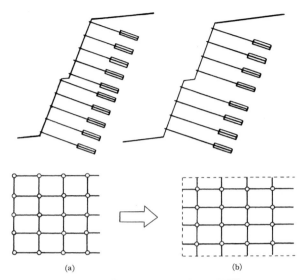

図6.9　グラウンドアンカーの配置

アンカーの品質に悪影響を与える要素が減少する。

　この場合、アンカーの本数に反比例してアンカー設計荷重が増加することを考慮して設計する。また、張出長がアンカーピッチの1/2以下となるようアンカーの配置を決定する。

　雨水などの排水、のり肩などの保護、エロージョン防止などの対策に周辺枠を使用することも検討する。

(4)　曲げモーメント・せん断力

　①　弾性支承上の梁

$$\mathrm{Mmax}=\frac{Px(\mathrm{or}\quad Py)}{4\beta}\quad \mathrm{Smax}=\frac{Px(\mathrm{or}\quad Py)}{2}$$

ここでPx、Py：集中荷重

$$\beta=\sqrt[4]{\frac{K\cdot b}{4E\cdot I}}$$

　　　　K：地盤反力係数

　　　　　b：枠幅

　　　　　E：枠の弾性係数

　　　　　I：枠の断面2次モーメント

枠の剛性（EI）は、コンクリート梁として求めてよい。

地盤の硬軟はβlを示標として判定する（l：アンカーピッチ）。

　上式で算定した曲げモーメントは、$\beta l = 2.5$のとき連続梁として算定した値と等しく、$\beta l = 2.0$のとき単純梁での値と等しくなる。すなわち、$\beta l \leqq 2.5$の場合には弾性支承上の梁で求めた曲げモーメントは過大な値となり、地盤が硬質でないと判定することができる。したがって、βlによる判定の目安は次のようになる。

　　　　　$2.5 < \beta l$のとき弾性支承上の梁

　　　　　$2.0 < \beta l \leqq 2.5$のとき連続梁

　　　　　$\beta l \leqq 2.0$のとき単純梁

② 連続梁

$$\text{Mmax} = \frac{1}{10} \text{w} \cdot l^2 \quad \text{Smax} = \frac{3}{5} \text{w} \cdot l$$

連続梁の端部支点上では$\text{M} = -\frac{1}{9} \text{w} \cdot l^2$となるが、支点上における負の曲げモーメントは、支承幅、枠高、直交するもう一方の枠の影響を受け、とがった形にはならないことが確かめられているため、最大10%まで低減することができる（コンクリート標準示方書より）ことなど考慮して、係数を$\frac{1}{10}$とした。

③ 単純梁

$$\text{Mmax} = \frac{1}{8} \text{w} \cdot l^2 \quad \text{Smax} = \frac{1}{2} \text{w} \cdot l$$

④ 張出梁（図6.10）

1径間の両端張出梁の場合は次式で求める。

$$M_A = M_B = -\frac{1}{2}w \cdot l_A^2 \quad S_A = w \cdot l_A$$

$$M_{AB} = \frac{1}{8}w(l_{AB}^2 - 4l_A^2) \quad S_{AB} = \frac{1}{2}w \cdot l_{AB}$$

2径間以上の場合は、張出部を片持梁として、他を連続梁あるいは単純梁として算定する。

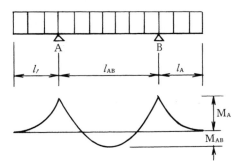

図6.10　張出梁の曲げモーメント図

7．台形フレーム工法

7.1 特徴

　台形フレームは、樹木の屈曲や損傷の要因となっていたのり枠（横枠）の角部分や、日光・降雨・夜露が十分に当らない日陰部分を解消し、植物の成長に良好な環境をつくる工法。

① 植生環境の改善

　枠内全面に日光や降雨が当りやすくなり、また、樹木の屈曲や樹皮・枝などの損傷要因が低減できるため、植生環境に有効な育成基盤を確保、維持できる。

② 枠表面幅の減少による景観向上

　枠を台形状にすることで従来よりも枠の表面幅が小さくなり、圧迫感が緩和されるため、良好な景観が得られる。

③ のり表面の安定化

　のり枠の底面幅が広がるため、地山との接触面積が大きくなり、のり表面の侵食に対する抑制効果が向上する。

④ 比較的凹凸の少ないのり面に適用可能。

図7.1　横枠イメージ図

写真7.1　施工後

写真7.2　施工後 2 年

　＊「在来木本類（播種）による法面緑化の手引き（案）」国土交通省四国地方整備局道路部、四国技術事務所編、5.参考資料 "5) 植生と法枠（緑化基礎工）との共生を図る" 参照。

7.2　型枠の規格

　台形フレーム型枠の規格を表7.1に示す。

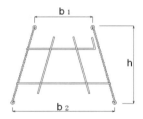

表7.1　ユニット式フリーフォーム・FD(台形)タイプ
規格寸法

諸元	b_1	b_2	h	断面積(m^2)
FD200(150/250-H200)	150	250	200	0.04
FD300(200/400-H300)	200	400	300	0.09

　＊　樹木の屈曲や損傷の要因となっていたのり枠の角部分や日陰部分を減少するには、特に、横枠を台形形状とすることが、植物の成長に良好な環境をつくるのに効果的である。そのため、ここでは施工性も考慮して、横枠のみ台形フレームとし、縦枠は従来の矩形フレームを使用する場合について、設計例を示す。

7.3 限界状態設計法による設計例

7.3.1 のり肩からの直線すべり
縦枠は矩形断面を使用するので、6.1.1の設計例参照。

作用荷重の算定で、台形フレーム横枠の重量を求めるが、面積は矩形断面と同じであるため（平均幅でみる）、6.1.1の設計例と同じになる。

7.3.2 のり中間の円弧すべり
縦枠は矩形断面を使用するので、6.1.2の設計例参照。

7.3.3 鉄筋挿入工との併用例（切土補強土工）
表層部の安定を図るため、フリーフレーム工法台形フレームと鉄筋挿入工法（ロックボルト工法）にて検討する。

設計の考え方は、日本道路協会「道路土工のり面・斜面安定工指針」、NEXCO「切土補強土工法設計・施工要領」、全国特定法面保護協会「のり枠工の設計・施工指針（改訂版）」等による。

設計は、縦枠を標準的な300mm 断面で、
横枠を台形フレーム300（200.400）mm 断面で検討する。

台形フレームは、その構造上、せん断補強をしない範囲での荷重に対して適用するものとする。

(1) 台形フレームの設計
・鉄筋挿入工との併用の場合、一般に使用限界状態の照査は省略してよいため、終局限界状態に対する検討を行う。
・終局限界状態において、台形フレームの設計断面力の算出に用いる設計荷重

は、作用荷重に荷重係数を乗じて求める。

　　（設計荷重＝作用荷重×荷重係数（$\gamma_f = 1.2$)）

　① 設計条件

　　i. 荷重

　　作用荷重 Td ＝65.0kN／本とする。

　　設計荷重 Pd ＝γ_f× Td ＝1.2×65.0＝78.0kN／本

　　ii. 台形フレーム枠

縦枠断面（b × h）	300×300mm
横枠断面300（200.400）	×300mm
横枠のスパン長	Lx ＝2.00m
縦枠のスパン長	Ly ＝2.00m
枠の有効高さd ＝235mm	

　　iii. 補強材のピッチ

補強材の横ピッチ	Dh ＝2.00m
補強材の縦ピッチ	Dv ＝2.00m

　　iv. 鉄筋

　　鉄筋（SD345）D13×2本を上下に使用する。

　　　　　　　　引張鉄筋量　　　As ＝126.7×2本＝253.4mm^2

a. 引張降伏強度の特性値	$f_y = 345$N/mm^2
b. 材料係数	$\gamma_s = 1.0$
c. 設計引張降伏強度	$f_{yd} = f_y/\gamma_s = 345$N/mm^2
d. 弾性係数	$E_s = 200$ kN/mm^2

　　v. モルタル

　　a. 圧縮強度の特性値（設計基準強度）$f_{ck} = 18$N/mm^2

　　b. 材料係数 $\gamma_c = 1.3$

　　c. 設計圧縮強度 $f_{cd} = f_{ck}/\gamma_c = 13.85$N/mm^2

　② 梁の種類の決定

　　(a) 地山の地盤反力が明確ではない。

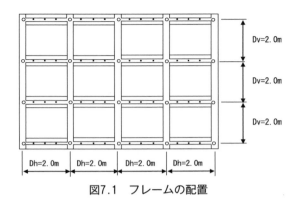

図7.1　フレームの配置

(b)　縦横枠の剛性が等しい。

(c)　縦横枠スパンが等しい（2倍以上の比率ではない）。

　上記、(a)より補強材設計荷重による地盤反力が枠に等分布荷重として作用する単純梁とするのが安全側である。また、(b)、(c)より2方向梁として検討するのが適している。

③　曲げモーメント・せん断力

・地盤からの反力（等分布荷重）

$$w = \frac{P_d}{Lx + Ly - b} = \frac{78.0}{2.00 + 2.00 - 0.3} = 21.08 \text{kN/m} \qquad Lx = Ly = 2.00\text{m}$$

$$b = 0.30\text{m}$$

・設計曲げモーメント

$$M_d = \frac{1}{8} w \cdot L^2 = \frac{1}{8} \times 21.08 \times 2.00^2 = 10.54 \quad \text{kN·m} \qquad L = Lx = Ly = 2.00\text{m}$$

・設計せん断力

$$V_d = \frac{1}{2} w \cdot L = \frac{1}{2} \times 21.08 \times 2.00 = 21.08 \quad \text{kN}$$

④　断面諸係数

④—1　縦枠

［鉄筋比］

$$p = \frac{As}{b \cdot d} = \frac{253.4}{300 \times 235} = 0.0036$$

［釣合鉄筋比］

$\alpha = 0.88 - 0.004 f'_{ck}$ 　　　　　ただし、 $\alpha \leqq 0.68$ 　釣合鉄筋比に関する係数

　　$= 0.88 - 0.004 \times 18$

　　$= 0.81$ 　より、 　　$\alpha = 0.68$

$\varepsilon'_{cu} = \dfrac{155 - f'_{ck}}{30,000}$ 　　　　　　　ただし、 　$0.0025 \leqq \varepsilon'_{cu} \leqq 0.0035$

　　$= \dfrac{155 - 18}{30,000}$ 　　　　　　　ε'_{cu}：モルタルの終局ひずみ

　　$= 0.0046$ 　より、 　　$\varepsilon'_{cu} = 0.0035$

$f_{yd} = 345 \mathrm{N/mm^2}$ 　　　　　　　　鉄筋の設計引張降伏強度

$f'_{cd} = f'_{ck} / \gamma_c = 13.85 \mathrm{N/mm^2}$ 　　　　モルタルの設計圧縮強度

$E_s = 200$ 　$\mathrm{kN/mm^2}$ 　　　　　　　　　鉄筋の弾性係数

$p_b = \alpha \cdot \dfrac{\varepsilon'_{cu}}{\varepsilon'_{cu} + f_{yd}/E_s} \cdot \dfrac{f'_{cd}}{f_{yd}}$

　　$= 0.68 \times \dfrac{0.0035}{0.0035 + 345/(200 \times 10^3)} \times \dfrac{13.85}{345} = 0.0183$

$p = 0.0036 < 0.75 \cdot p_b = 0.0137$ 　---　OK

④—2 横枠（台形断面）

台形フレーム検討断面およびスパン

　・断面　　　200　　／　　400　　×　　300　　mm
　　　　　　上面幅　　　下面幅　　　高さ

・スパン2.0m

横枠の設計は台形断面の形状を考慮して検討する。

なお、単純梁で設計する際、上側鉄筋が引張鉄筋として作用するモデルにて

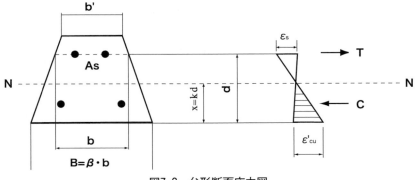

図7.2　台形断面応力図

検討する。

上面幅　　　　　　　　　　　　　　　　　　　　b' = 200 mm

下面幅　　　　　　　　　　　　　　　　　　　　B = 400 mm

高　　　　　　　　　　　　　　　　　　　　さ h = 300 mm

有効高さ　　　　　　　　　　　　　　　　　　d = 235 mm

引張鉄筋位置の幅 b = ｛(B − b') × (h − d) . h｝ + b' = 243 mm

$\beta = B . b = 1.646$

[鉄筋比]

$$p = \frac{A_s}{b \cdot d} = \frac{253.4}{243 \times 235} = 0.0044$$

[釣合鉄筋比]

$\alpha = 0.88 - 0.004 f'_{ck}$　　　　　ただし、$\alpha \leqq 0.68$　釣合鉄筋比に関する係数

　　$= 0.88 - 0.004 \times 18$

　　$= 0.81$　より、　　$\alpha = 0.68$

$$\varepsilon'_{cu} = \frac{155 - f'_{ck}}{30,000} \qquad\qquad ただし、\quad 0.0025 \leqq \varepsilon'_{cu} \leqq 0.0035$$

$$= \frac{155 - 18}{30,000} \qquad\qquad \varepsilon'_{cu}：モルタルの終局ひずみ$$

$$= 0.0046 \quad より、\qquad \varepsilon'_{cu} = 0.0035$$

$f_{yd} = 345 \mathrm{N/mm^2}$ 　　　　　　　　　　鉄筋の設計引張降伏強度

$f'_{cd} = f'_{ck}/\gamma_c = 13.85 \mathrm{N/mm^2}$ 　　　　　モルタルの設計圧縮強度

$E_s = 200 \quad \mathrm{kN/mm^2}$ 　　　　　　　　　　　鉄筋の弾性係数

$$p_b = a \cdot \frac{\varepsilon'_{cu}}{\varepsilon'_{cu} + f_{yd}/E_s} \cdot \frac{f'_{cd}}{f_{yd}}$$

$$= 0.68 \times \frac{0.0035}{0.0035 = 345/(200 \times 10^3)} \times \frac{13.85}{345} = 0.0273$$

$p = 0.0044 < 0.75 \cdot p_b = 0.0205 \text{ --- OK}$

⑤　安全性能の照査

安全性能の照査は、終局限界状態の曲げとせん断破壊に対して行う。

⑤—1　縦枠

ⅰ. 曲げモーメントに対する照査

終局曲げ耐力：M_u

$\beta = 0.52 + 80\,\varepsilon'_{cu}$ 　　　　　　　　β：等価応力ブロック高さに関する係数

$= 0.52 + 80 \times 0.0035 = 0.8$

$k_1 = 1 - 0.003 f'_{ck}$ 　　　　ただし、$k_1 \leqq 0.85$　k_1：モルタル強度の低減係数

$= 1 - 0.003 \times 18 = 0.95 \quad より、\quad k_1 = 0.85$

$k_2 = \beta/2 = 0.4$

$$M_u = b \cdot d^2 \cdot p \cdot f_{yd} \cdot \left(1 - \frac{k_2}{\beta \cdot k_1} \cdot \frac{p \cdot f_{yd}}{f'_{cd}}\right)$$

$$= 0.3 \times 0.235^2 \times 0.0036 \times 345000 \times \left(1 - \frac{0.4}{0.8 \times 0.85} \times \frac{0.0036 \times 345000}{13850}\right)$$

$$= 19.49 \,\mathrm{kN \cdot m}$$

設計曲げ耐力：M_{ud}

$$M_{ud} = \frac{M_u}{\gamma_b} = \frac{19.49}{1.15} = 19.95 \text{kN·m} \qquad \gamma_b：終局限界状態の部材係数　1.15$$

安全性に対する照査

$$\gamma_1 \cdot \frac{M_d}{M_{ud}} = 1.2 \times \frac{10.54}{16.95} = 0.75 \leqq 1.00 \text{---OK}$$

$$\gamma_1：終局限界状態の構造物係数1.2$$

ⅱ. せん断力に対する照査

a）吹付モルタルが負担する設計せん断耐力：V_{cd}

$f_{vcd} = 0.20 \times (f_{cd})^{1/3}$

　　　　ただし $f_{vcd} \leqq 0.72 \text{N/mm}^2$：モルタルのせん断強度

　　　$= 0.20 \times (13.85)^{1/3}$　　　　f_{cd}：モルタルの設計圧縮強度

　　　$= 0.48 \text{ N/mm}..$

$\beta_d = (1000/d)^{1/4}$　　　$\beta_d \leqq 1.5$：せん断耐力の有効高さに関する係数

　　$= (1000/235)^{1/4}$　　　　　d：有効高さ（mm）

　　$= 1.44$

$\beta_p = (100 \cdot p)^{1/4}$　　　$\beta_p \leqq 1.5$：せん断耐力の軸方向鉄筋比に関する係数

　　$= (100 \times 0.0036)^{1/4}$　　　p：鉄筋比

　　$= 0.71$

$\beta_n = 1.00$　　　　　　β_n：せん断耐力の軸方向力に関する係数

$V_{cd} = \beta_d \cdot \beta_p \cdot \beta_n \cdot f_{vsd} \cdot b \cdot d / \gamma_b$

　　　　　　　　　　b：縦枠幅（mm）

　　$= 1.44 \times 0.71 \times 1.00 \times 0.48 \times 300 \times 235/1.3$

　　　　　　　　γ_b：部材係数　1.3

　　$= 26,613 \text{N}$

b）設計せん断耐力（V_{yd}）

せん断補強筋を使用しないので、設計せん断耐力 V_{yd} は、

$V_{yd} = V_{cd} = 26,613 \text{N}$

c）安全性に対する照査

$$\gamma_i \cdot \frac{V_d}{V_{yd}} = 1.2 \times \frac{21,080}{26,613} = 0.96 \leqq 1.00 \text{---OK}$$

γ_i：終局限界状態の構造物係数1.2

⑤—2　横枠（台形断面）

i．曲げモーメントに対する照査

k 値の算出

$k^3 + \{3\beta/(1-\beta)\} \cdot k^2 + \{6 \cdot n \cdot p/(1-\beta)\} \cdot k - 6 \cdot n \cdot p/(1-\beta) = 0$

に β、n、p を代入する。

$\beta = 1.646 \quad p = 0.0044 \quad n = E_s/E_c = 200/22.0 = 9.091$

ここで E_s：鉄筋の弾性係数　　　200　kN/mm^2

　　　　　E_c：モルタルの弾性係数　22.0　kN/mm^2

$\therefore \quad k^3 + (-7.644) \cdot k^2 + (-0.375) \cdot k - (-0.375) = 0$

これを試算で解けば k = 0.20 となる。

$M_{cu} = k \cdot f_{cd} \cdot b \cdot d^2 \cdot \{2\beta \cdot (3-k) + (1-\beta) \cdot k \cdot (2-k)\}/12$

$\quad = 0.2 \times 13850 \times 0.243 \times 0.235^2 \times (9.22 + (-0.23))/12$

$\quad = 27.85 \text{ kN} \cdot \text{m}$

$M_{su} = k^2 \cdot f_{yd} \cdot b \cdot d^2 \cdot \{2\beta \cdot (3-k) + (1-\beta) \cdot k \cdot (2-k)\}/\{12 \cdot n \cdot (1-k)\}$

$\quad = 0.20^2 \times 345000 \times 0.243 \times 0.235^2 \times (9.22 + (-0.23))/\{12 \times 9.091$

$\quad\quad \times (1-0.20)\}$

$\quad = 19.08 \text{ kN} \cdot \text{m}$

よって、終局曲げ耐力は

$M_u = 19.08 \text{ kN} \cdot \text{m}$

設計曲げ耐力：M_{ud}

$$M_{ud} = \frac{M_u}{\gamma_b} \quad \frac{19.08}{1.15} = 16.59 \text{ kN} \cdot \text{m} \qquad \gamma_b：終局限界状態の部材係数　1.15$$

安全性に対する照査

$$\gamma_i \cdot \frac{M_d}{M_{ud}} = 1.2 \times \frac{10.54}{16.59} = 0.76 \leqq 1.00 \text{---OK}$$

ⅱ．せん断力に対する照査

　a）吹付モルタルが負担する設計せん断耐力：V_{cd}

$f_{vcd} = 0.20 \times (f'_{cd})^{1/3}$

　　　　ただし $f_{vcd} \leqq 0.72 \text{N/mm}^2$：モルタルのせん断強度

　　　$= 0.20 \times (13.85)^{1/3}$　　　f'_{cd}：モルタルの設計圧縮強度

　　　$= 0.48 \text{ N/mm}^2$

$\beta_d = (1000/d)^{1/4}$　　　$\beta_d \leqq 1.5$：せん断耐力の有効高さに関する係数

　　$= (1000/235)^{1/4}$　　　　　d：有効高さ（mm）

　　$= 1.44$

$\beta_p = (100 \cdot p)^{1/3}$　　　$\beta_p \leqq 1.5$：せん断耐力の軸方向鉄筋比に関する係数

　　$= (100 \times 0.0044)^{1/3}$　　　p：鉄筋比

　　$= 0.76$

$\beta_n = 1.00$　　　　　β_n：せん断耐力の軸方向力に関する係数

$V_{cd} = \beta_d \cdot \beta_p \cdot \beta_n \cdot f_{vcd} \cdot b \cdot d / \gamma_b$

　　$= 1.44 \times 0.76 \times 1.00 \times 0.48 \times 300 \times 235/1.3$

　　　　　　　　　　γ_b：部材係数　1.3

　　$= 28,488 \text{N}$ ここで、横枠幅bは簡易的に中央の300mm で計算する。

　b）設計せん断耐力（V_{yd}）

せん断補強筋を使用しないので、設計せん断耐力$V_{....}$は、

$V_{yd} = V_{cd} = 28,488 \text{N}$

　c）安全性に対する照査

$$\gamma_i \cdot = \frac{V_d}{V_{yd}} = 1.2 \times \frac{21,080}{28,488} = 0.89 \leqq 1.00 \text{---OK}$$

　　　　　　　　γ_i：終局限界状態の構造物係数1.2

8. 施 工

8.1 施工法

(1) のり面清掃・凹凸面の処理

浮石、草木の根など吹付モルタル・コンクリートの品質に悪影響を与えるものは除去することを原則とする。

型枠内に不純物が混り込まないようにする必要がある。また、型枠内に不純物が散乱しやすい場合は、施工基面を確保するため、フリーフレーム組み立ての前に押え吹付け（厚さ3cm程度）を行なうことがよい。凹凸の著しいのり面では、型枠が密着しにくいので、別途モルタル・コンクリート吹付工などで凹凸を少なくするとよい。

のり面地山に湧水のある場合は、8.3「湧水の処理」の項を参照し湧水処理を行う。

(2) 型枠およびアンカーの組立て

型枠は組み立て作業中、運搬中などで、断面形状が変形しないようにしなければならない。

凹凸のあるのり面では、地山との間にすき間が生ずるため、補助網などを用いて十分に塞ぐことがよい。

型枠の組み立ての際、特に縦枠の間隔に注意する。

型枠の組み立てを完了した後、順次のり面に主アンカー、補助アンカーを設置する。設置中やモルタル打設中、枠のたわみや変形が生じないように主アンカー、補助アンカーを用いて確実に支持する。主アンカーの取付角度は、地山の状況により図8.1のような範囲とする。また取付位置は、その役割から図8.2のような配置がよい。必要な場合、サポーターなどを使用する。

　曲面ののり面で型枠を組み立てる場合、型枠が変形して型枠断面寸法および枠スパンに誤差を生じる（図8.3）。このような場合、横枠の長さ（$l_1 \sim l_4$）を調整して架設し、水平方向の組み立ては景観を重視して行なう。

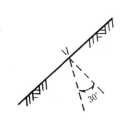
図8.1　主アンカーの取付角度

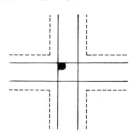
図8.2　主アンカーの取付位置

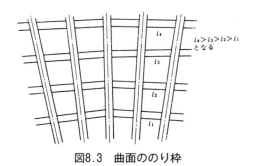
図8.3　曲面ののり枠

　架設中の型枠断面寸法の誤差（凹凸の状況により発生する）は－20mm 程度まで許容されるが、モルタル・コンクリート吹付後の仕上がり寸法は平均値が設計断面以上となることが必要である。

(3)　鉄筋の組み立て

　鉄筋は異形鉄筋（SD295以上）を使用し、継手は枠の交点をさけ、一断面に集中しないよう相互にずらすようにするとともに、重ね合わせは上下方向とする。

　縦枠、横枠、周辺枠の端部に使用する鉄筋は直鉄筋とし、交差する枠の軸方向鉄筋に結束して固定すればよい（図8.4）。

鉄筋のかぶり・間隔などは設計図書にしたがって配筋する。

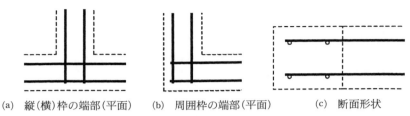

(a) 縦（横）枠の端部（平面）　(b) 周囲枠の端部（平面）　(c) 断面形状

図8.4　端部鉄筋の構造

(4)　吹付施工

(i)　吹付工法

　吹付工法は、乾式工法と湿式工法がある。前者は、ノズルで水とドライミックスされた材料を混合するので、品質はノズルマンの熟練度・能力によって左右される。また、粉じんの発生やはね返りは一般に多い。後者は、水を含め各材料をあらかじめ正確に計量し、かつ十分に混合できるので品質の管理が容易であり、粉じんの発生・はね返りは一般に少ない。

　したがって、安定した品質を確保しなければならないフリーフレーム工法においては湿式工法を採用する。

(ii)　施工機械および設備

　①　計量装置および練り混ぜ機械

　・材料の計量は、重量計量装置を用いる。

　・練り混ぜ機械は、別途ミキサーを使用する。

　・施工前に計量装置のテストを行い、計量調整をする。

　②　吹付機械および付属機器

　・吹付機械は、所定の配合の材料を連続して搬送・吹付けできるものを使用する。

　・モルタル・コンクリート吹付では、ノズルの先端で十分な圧力が供給できるコンプレッサーを使用する。圧送距離は原則として100m（高さ45m）以内で使用し、この範囲を超える場合は、吹付機械の位置をその範囲内に収

まるように移動するなどして施工する。

③　材料の練り混ぜ

現場配合にしたがって、材料を十分練り混ぜる。砂とセメントは別途ミキサーを使用して十分練り混ぜ、それを吹付機に投入する。

(iii)　材料の品質

モルタル・コンクリートはあらかじめ所定の強度が出ることを確認する。

(iv)　吹付作業

モルタル・コンクリート吹付について最も重要なことは吹付材料が十分締め固まるように、すなわち、モルタル・コンクリートの各層相互間の密着が得られるように作業を進めることである。そのためには、特に下記のことに留意する。

①　反発材料を除去する。

②　打ち継ぎ目の清掃を行なう。

③　施工面に対してノズルを直角にして施工する。

④　反発材料がたまるような凹部または、のり尻などは先行して吹付けを行なう。

これらを守るためには以下の施工が大切である。

・吹付施工は、のり面下部から施工することがよい（図8.5）。やむを得ず、のり面上部から施工する場合は、はね返りなどを十分に排除しながら施工する。

・鉄筋の交差した箇所では、打ち継ぎ目を作らないようにし、鉄筋の下に空洞を生じないように入念に施工する。

・吹付け継ぎ目は、縦枠には出来る限り作らずに横梁の中央に作り、一日経過した打ち継ぎ目はセメントペーストを塗布するか水洗いなどで接続のなじみをよくするようにする。

・ステップがなく長大のり面の場合は、縦方向の一施工範囲を指示して施工する。

・層吹きは原則として行なわないようにする。やむを得ず層吹きを行なう場

合は、モルタル・コンクリートのなじみのよいうちに吹き重ねる。

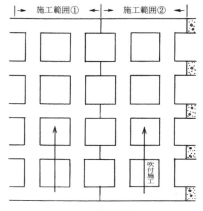

図8.5　吹付方向図

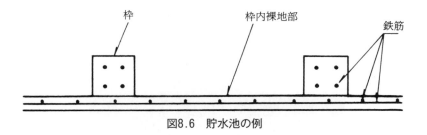

図8.6　貯水池の例

・貯水池などで枠内裸地部をモルタルまたはコンクリートで施工する場合、一例として、まず鉄筋を組み込んだのち、あらかじめ全面に吹付けし、その上からフリーフレームを施工する（図8.6）。

(v)　仕上げ

　　吹付直後のコテ仕上げは、型枠外に極端に出た材料を除去する程度とし、枠そのものの景観を重視する場合以外は原則として行なわない。

(5)　吹付プラントの必要面積

・吹付プラントヤードは、吹付機・空気圧縮機・ベルトコンベア・計量器・ミキサー・ショベル・セメント・骨材などを設置するため、少なくとも1箇所

で7 m×30m 程度の面積が必要である。

・吹付プラントヤードは、施工現場から、100m 程度以内の距離において確保することが望ましい。

・吹付プラントが100m 以内の地点で7 m×30m の面積が確保できない場合（例えば、砂・セメントの置場がとれない場合）は、吹付関係の機械置場7 m×15m程度を確保し、生コン工場で空練り（プレミックス）したモルタルあるいはレディーミクストモルタルを使用するなど通常とは異なる計画を考える。なお、その際には、運搬や吹付けなどの施工時間が適切な時間の範囲内であるかどうか十分に検討することが必要である。

8.2　ダム湛水面、貯水池のり面の施工例

ダム湛水面、貯水池では、図8.7、8.8のようなフリーフレームが使用される（一例）。

写真8.1　貯水池のり面の施工例

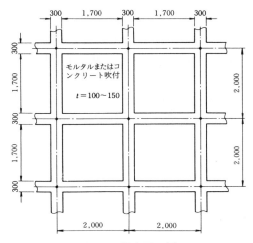

図8.7　湛水面の例

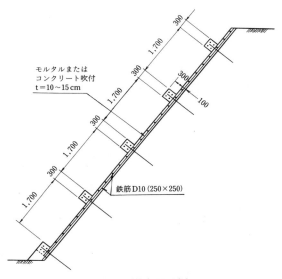

図8.8　湛水面の例

8.3　湧水の処理

　湧水の激しいのり面では、フリーフレーム施工前に排水工を行う必要がある。
排水工は、湧水の状況により検討する。

　フリーフレームを施工する場合の"水"に対しての対策工を例示する（図8.9）

のり面流下水および湧水の処理は、「のり枠工の設計・施工指針（改訂版）」7.2.2
および「のり面保護工に関する質疑応答集」Q4.2.1参照。

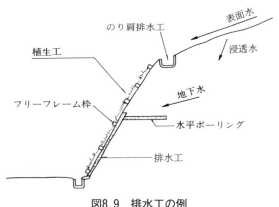

図8.9　排水工の例

8.4　フリーフレーム工の適用地盤に対する注意事項

　切土のり面には、膨張性の蛇紋岩のり面、風雨にさらされると次第に収縮す
るマサのり面、寒冷地で水分の多い土砂のり面では凍結などによって、冬期と
夏期とで膨張・収縮をくり返すのり面もある。

　こうしたのり面の安定にフリーフレーム工を検討する際には、のり面が膨張・
収縮する原因を除去あるいは緩和する方法、例えば、外気にふれると膨張・収
縮する地質ののり面には密閉型工法、浸透水によるものでは地下排水工などを
検討する。

写真8.2　排水工の施工例

（社）全国特定法面保護協会「のり面保護工に関する質疑応答集」参照。

8.5　施工管理

8.5.1　品質管理

　吹付けられたモルタルまたはコンクリートの均質性を高めるため、またその品質が管理限界内にあるようにするために品質管理を行なうがその主な内容は次のとおりである。

① 吹付材料の品質が低下しないように保管する。

② 材料は所定の品質を有するものであることを確認する。

③ 細骨材の表面水率試験を行なって、水および細骨材の補正により現場配合を決定する。

④ 工事着手前に、所定の配合によって試験吹きを行ない機器の性能、施工性および品質を確認する。

⑤ 設計基準強度が定められているものについては試験練りを行ない、目標

強度が発現することを確認する。

フリーフレーム工法でのサンプリングは

①　別途用意したフリーフレーム内に吹付け、現場で28日間放置後、φ5
　　cm のコアー3本以上切り取る方法。

②　土木学会規準と同じく、現場に配置された長さ50cm×幅50cm×高さ
　　15cm程度の型枠に吹付け、現場で28日間放置後、φ5cm のコアー3本
　　以上切り取る方法。

③　標準供試体で取る方法。

④　円筒金網モールド（ネットモールド）で取る方法などがある。

④については吹付後整形するものである。

これらのうちどの方法を採用するかについては発注者などの仕様による。

吹付モルタル・コンクリートの圧縮強度試験は、最低一工事に1回および仕様書などに定められる頻度で行なうものとする（一般には50～100m³に1回）。

圧縮強度は3本の強度の平均値が材令28日で、18N/mm²以上とし、1個でも下回るものがあった場合は、あらためて9本の供試体を取り、設計基準強度を下回る確率が5％以下となることを確認する。

やむを得ず材令7日で確認する場合は、28日強度の70％（早強ポルトランドセメントを用いた場合には95％）以上あればよい。

ネットモールド採取要領

①　ネットモールドを固定台（ネットモールドホルダー）に取り付ける。

②　ネットモールド上面から直接モルタルを吹付ける。

③　吹付け後、ネットモールドの上面、側面からあふれ出たモルタルを、ヘ
　　ラなどにより整形する。

④　養生

※整形後は、硬化するまであまり移動させないようにする。

当協会で行った円筒金網モールド（ネットモールド）による強度試験データーを巻末・付録—2に示す。

写真8.3　ネットモールドのサンプリング状況

8.5.2　施工管理基準

フリーフレーム工法・施工管理基準（案）を表8.1に示す。

表8.1　フリーフレーム工法・施工管理基準(案)

施工上の留意事項	予想される現場状況	対　　　　策
1. 良質材料の確保		・コンクリート標準仕方書に準じた砂の使用 　（一般に FM 2.5〜3.1 の範囲の砂が望ましい）
2. 正確な配合	・計量器(機)の計量精度の未確認 ・不適性な現場配合 ・W/C の変動	・計量器(機)の精度確認と定期的検査 ・セメント1袋または2袋を標準とする ・試験練りの実施 ・細骨材の表面水量確認と補正の完全実施
3. 十分な練り混ぜ	・不完全な練り混ぜ状態での圧送 ・練り混ぜ時間不足	・別途攪拌用ミキサーを使用する ・セメント，砂をミキサーで混合して吹付機に投入
4. 十分な締め固め	・長距離圧送による圧力低下 ・材料分離 ・金網の目詰まり 　（はね返り材料が型枠内に残る） ・鉄筋配置間隔の狭小	・一般仕様による吹付プラント設備では直高 45 m 以下，圧送距 　離は 100 m 以内を標準とする 　（試験施工で確認した場合は別途） ・モルタルを基本とする ・はね返り材料が自動的に除去できる型枠の使用 　（例えば FM タイプ，FP タイプの使用） ・鉄筋間のあきを 40 mm 以上とれるように設計する

施工上の留意事項	予想される現場状況	対　策
5. はね返り材料の除去	・はね返り材料のまき込み施工 ・横枠のり尻などの清掃不足 ・打ち継ぎ目 ・作業員の認識不足	・エアー清掃の頻繁な実施 　中詰工がモルタル・コンクリート吹付工の場合は枠吹付を行なってから中詰工実施 ・横枠，のり尻の施工前のチェックまたは上記箇所のモルタル打設を先行する ・はね返り材料の撤去・清掃 ・再教育の実施 　管理者によるチェック
6. コテ仕上げ	・ヘアークラックの発生	・一般的にコテ仕上げしないが，する場合には型枠外に極端に出た材料を除去する程度とする。枠そのものの景観を重視する場合以外は原則として行なわない
7. 冬期施工	・養生不足による凍結 　（広面積，強風などで困難）	・施工時間の短縮およびその覆工 ・早強セメント，防凍剤などの使用 ・現場状況に応じた養生の実施 　→養生費の計上 ・工期延長あるいは翌春施工
8. 夏期施工	・水分蒸発により乾燥クラックの発生	・高温時の吹付施工はさける ・現場状況に応じた養生の実施 　→養生費の計上
9. 品質管理 　強度管理	・強度の低下	・テストピース採取―圧縮強度試験の実施 　（サンプリングは吹付場所にて行なう）（50 m³ 程度毎に 1 回） (i)　JSCE に準じてサンプリング (ii)　フリーフレーム枠に吹付けてサンプリング (iii)　ネットモールドによるサンプリング

9. 維持管理

9.1 維持管理の目的

　フリーフレーム工法は、昭和50年より施工されており、抑制工はもちろん抑止工（ロックボルト、グラウンドアンカー）の反力体としても数多くの実績がある。維持管理という点に関しては、地震などによる大きな外力の影響でフリーフレーム工法が損傷し、補修・補強および撤去後再施工をした実績はあるが、経年変化による変状に対しての補修・補強などの事例は少ない。しかし、このような事例が増えてきている現状を踏まえて、維持管理における点検方法および評価手法について提案することで、本工法が有する性能を今後も発揮できることを目指すものである。

9.2 主な劣化・損傷状況

　フリーフレーム工法の部位ごとの主な劣化・損傷状況の事例を示す。

9.2.1 ひび割れ、亀裂

写真9.1

写真9.2

9.2.2 エフロレッセンス

写真9.3

写真9.4

9.2.3 エフロレッセンスを伴うひび割れ

写真9.5

写真9.6

9.2.4 外力によるフリーフレーム工法枠の破断

写真9.7

写真9.8

9.2.5　フリーフレーム工法枠背面土砂の流失

写真9.9

写真9.10

9.2.6　凍害による剥離

写真9.11

写真9.12

9.2.7　枠内モルタル吹付との境界からの湧水

写真9.13

写真9.14

9.3　点検

　構造物の重要度に応じて、以下に示す点検について計画を策定することになる。

9.3.1　点検の種類

①　初期点検

　　初期点検は、維持管理における初期値という観点から重要な点検である。新設構造物では竣工前に検査が実施されるため、これを初期点検の結果として利用することは可能である。

②　日常点検

　　日常点検は、遠望目視を主体とした点検であり、変状の早期発見を目的としたものである。

③　定期点検

　　構造物の重要度によって5～10年をめどに実施するのが望ましい。また、点検結果の状況から次回の点検時期について決めるものとする。

【参考】

ⅰ．道路土工構造物点検要領（平成29年8月）－国土交通省道路局

　　「道路土工構造物技術基準」に規定された重要度1の道路土工構造物※のうち、切土のり面において約15m以上の切土で、これを構成する切土のり面、のり面保護施設、排水施設などを含むもの、また、盛土高が約10m以上の盛土で、盛土のり面、のり面保護施設（擁壁、補強土など）を含むもので、5年に1回を目安として道路管理者が定期的に実施する。

　　※重要度1の道路土工構造物

　　（ア）下記に掲げる道路に存する道路土工構造物のうち、当該道路の機能への影響が著しいもの

　　　　・高速自動車国道、都市高速道路、指定都市高速道路、本州四国連絡高速道路及び一般国道

（イ）損傷すると隣接する施設に著しい影響を与える道路土工構造物

ⅱ．斜面対策工維持管理実施要領－一般社団法人斜面防災対策技術協会

おおむね3〜5年に1回

④　臨時点検（緊急点検）

巡視や近隣住民などからの通報により把握した変状や崩壊などを確認した際、もしくは地震、台風および集中豪雨などの外力及び構造物に悪影響を与える事象が生じた際に実施するものとする。

9.3.2　点検方法および項目

点検方法は、目視検査（遠望目視、近接目視）、打音検査など簡易にできる検査を標準とするが、必要に応じて詳細調査（コアサンプリングによる調査など）を実施することも考慮する。また、フリーフレーム工法にロックボルトおよびグラウンドアンカーを併用している場合は、それらの対策工の点検も同時に実施することが望ましい。

点検項目は、点検の種類ごとに想定される変状を考慮して決められる。

①　初期点検

・モルタルの初期欠陥（収縮に起因するひび割れ、沈下ひび割れなど）

・湧水状況

・降雨時の流下水想定

・フリーフレームと地山との密着状況

②　日常点検

・はらみや落石、のり面周辺の変状（亀裂、倒木など）などの状況把握

・湧水状況

・その他

③　定期点検

　　ⅰ．のり面全体

　　　・はらみや落石、のり面周辺の変状（亀裂、倒木など）などの状況把握

　　　・湧水状況

  ・小段排水のずれ

  ・その他

 ⅱ．フリーフレーム工法枠の損傷

  ・地震などの外力によるひび割れ（亀裂）

  ・ひび割れ（亀裂）からの錆汁

  ・ひび割れ（亀裂）からのエフロレッセンス

  ・表層の剥落

 ⅲ．フリーフレーム工法枠の経年劣化

  ・フリーフレーム工法枠背面土砂の流亡

  ・枠内排水状況（排水パイプおよび水切りコンクリート（モルタル）の機能確認）

④ 臨時点検（緊急点検）

 ⅰ．のり面全体

  ・はらみや落石、のり面周辺の変状（亀裂、倒木など）などの状況把握

  ・湧水状況

  ・小段排水のずれ

  ・その他

 ⅱ．フリーフレーム工法枠の損傷

  ・フリーフレーム工法枠の亀裂、破断

  ・フリーフレーム工法枠の表層剥落

 ⅲ．フリーフレーム工法枠の経年劣化

  ・フリーフレーム工法枠背面土砂の流亡

  ・枠内排水状況（排水パイプおよび水切りコンクリート（モルタル）の機能確認）

[参考]

 その他の点検手法として、非破壊検査としてのシュミットハンマー法がある。これによりフリーフレーム現状の圧縮強度を推定する。またコアサンプリング

による圧縮強度測定の他、中性化やひび割れ調査をし、直接的に劣化程度を確認し、健全度を評価する方法もある。

　フリーフレーム協会技術委員会にて、発売当初のフリーフレーム工法の耐久性調査を実施した。主な調査項目は表9.1に、調査模式図を図9.1に示す。3現場調査を実施し、詳細な結果については、フリーフレーム協会より発刊している別紙「フリーフレーム工法耐久性調査報告」を参照していただくとして、本報告書が詳細調査の参考としていただければと思う。

9.4　評価

　点検の結果、構造物として要求性能を満足しているかを評価する必要がある。点検および評価手法として、全国特定法面保護協会より出版されている「のり枠工の設計・施工指針（改訂版第3版）平成25年10月」に表9.2変状調査票（例）があるので、これを参考にする（一部修正して抜粋）。

　なお、枠内の中詰工であるモルタル吹付工、植生工および排水施設はフリーフレーム工法とは関係ないが、斜面全体の対策工としては密接な関係があるため、同時併用して点検することが望ましい。

表9.1　調査試験項目・数量

項　　目	数　量	対象部位	実施内容
外観調査	1法面	全体	調査対象となるフリーフレームの劣化・損傷状況を近接目視・ハンマー打音により確認する。簡単な展開図および断面図を作成し、損傷状況を記録する。
UAV写真撮影	1法面	全体	UAVを用い、対象法面の全景写真および高所法面の状況写真撮影を行う。
コア採取	3箇所	〃	圧縮強度試験、中性化試験用のコア採取を行う。 ※梁側面は状況に応じて採取（JIS A 1107）。
鉄筋探査	3箇所	〃	電磁波レーダー法 コア採取位置の配筋を確認する
圧縮強度試験	9試料	〃	コア供試体による圧縮強度試験を行い、一軸圧縮強度を測定する（JIS A 1108）。
中性化試験	3試料	〃	コア供試体を用いて、コンクリート表面からの中性化深さを測定する（JIS A 1152）。
簡易強度試験	6箇所	〃	リバウンドハンマーを用いて、法枠表面の反発度を測定する（JIS A 1155）。
ひび割れ深さ測定（直接法）	2箇所	－	ひび割れ部分のコア抜きを行い、ひび割れ深さを直接的に確認する。

表9.2　変状調査票（例）

工種	点検項目 （変状の種類）	のり面またはのり面内のブロック毎			
		変状の程度	変状の規模 （や範囲）	評価	
のり枠工	枠のひび割れ （はらみだし、段差、長さ、幅など）				
	剥離 （法枠部材の剥離）				
	鉄筋の錆汁、白華				
	モルタル自体の強度低下など （法尻ハンマー点検）				
	目地部　段差・開き				
	枠下の空洞化 （中詰め工が植生工などの場合）				
モルタル吹付工 （中詰工）	モルタルのひび割れ （はらみだし、段差、長さ、幅など）				
	背面空洞 （法尻ハンマー打診）				
	背面地山の風化進行 （水抜き孔底、剥離部の状態から法尻の点検）				
	剥離 （ハンマー軽打での剥離を含む）				
	植生侵入 （吹付面の剥離、ひび割れ部の植生）				
	水抜き孔の閉塞				
	モルタル面からの湧水				
	目地部　段差・開き				
植生工 （中詰工）	植生状態 （緑化工の点検・維持管理項目による）				
排水施設	排水溝の変状や漏水、オーバーフロー、堆積物				
総合評価					

注）ⅰ．天井の種類、程度、規模などは、地質、気象状態などにより異なる。ここでは、のり面安定や第三者への
　　ⅱ．点検項目、程度、規模、評価基準は、実情に適合するよう路線や現場ごとに設定するのがよい。
　　ⅲ．ここでは法枠自体に特化しており、法肩や小段の亀裂、段差、変位といった地山崩壊の予兆についてはの
　　ⅳ．総合評価については、安全性を考慮して、各点検項目の中で最も不安定化または老朽化している評価レベ

備考（程度、規模レベルの案（A,B,C　1,2,3）

程度：Aはらみしや段差ひび割れ、B鉄筋かぶりによる許容値以上の幅（開口ひび割れ）、C鉄筋かぶりによる許容値未満の幅（微細ひび割れなど）や長さ
規模：1広範囲に多発、2一部集中して多く発生、3点在

程度：A鉄筋が露出、B鉄筋かぶりの約半数が剥離、C枠表面がごく薄く剥離
規模：1集中しているか広範囲に発生、2点在、3数箇所のみ

程度：A鉄筋の錆汁が枠断面から多発、B鉄筋の錆汁やエフロが一部発生、Cエフロが発生（金網型枠の錆汁は問題なし）
規模：1集中しているか広範囲に発生、2点在、3数箇所のみ

程度：Aハンマー軽打で鉄筋まで剥離や損傷、Bハンマー軽打で薄く剥離や損傷、Cハンマーのこすりで一部傷跡
規模：1集中しているか広範囲に発生、2点在、3数箇所のみ

程度：A段差や開口が発生、B開口あるが段差無し、C段差や開口殆どなし
規模：1目地部延長〇〜〇m以上（のり面1段）、2延長〇m〜〇m程度、3延長〇m未満

地山の浸食や風化の進行、地山一部にすべり変位など（端部の浸食含む）
程度：A複数の枠下が空洞化し地山すべり変位あり、B複数の枠下が空洞化し浸食あとあり、C枠下一部で浸食で空洞化
規模：1広範囲に多発、2、一部集中して多く発生、3点在

程度①：Aはらみだしや段差ひび割れ、B開口ひび割れ、C微細なひび割れ
程度②：A連続した亀甲状ひび割れ（閉合形状）、B一部連続の亀甲状ひび割れ、C部分的な短いひび割れの有無
規模①：1連続したひび割れ長さが〇m程度以上、2〇m程度、3〇m程度以下
規模②：1広範囲に多発、2一部集中して多く発生、3点在

ハンマー打診によるモルタル背面の空洞有無　程度は空洞がある場合のモルタル面状態
程度：A開口ひび割れや剥離を多く伴う、B一部開口ひび割れを伴う、C開口ひび割れを伴わない
規模：1集中しているか広範囲に発生、2点在、3数箇所のみ

水抜き孔に鉄筋などを挿入して風化深さや状態を推測
程度：A空洞化・土砂化・レキ化が〇cm程度以上、B〇cm程度以上、Cほぼ空洞・風化無し
規模：1広範囲に多発、2一部集中して多発、3点在

程度：A地山が露出、Bラスが露出（ラス下のモルタルに亀裂多発の場合はA）、Cモルタル表面が薄く剥離
規模：1集中しているか広範囲に発生、2点在、3数箇所のみ

程度：A剥離部やひび割れ部に木本が密生、B剥離部やひび割れ部に木本が生育、Cひび割れ部に草本が生育
（注）根の伸長深さと生長期間の差
規模：1集中しているか広範囲に発生、2点在、3数箇所のみ

程度：A土砂や植物により数孔まとまって閉塞、B孔内の部分的閉塞が数孔まとまっている、C孔内の部分的閉塞がある
規模：1集中しているか広範囲に発生、2点在、3数箇所のみ

程度：Aモルタル表面やひび割れから常時流出、B降雨時や後に流出、Cにじみ出ている
規模：1集中しているか広範囲に発生、2点在、3数箇所のみ

程度：A段差や開口が発生、B開口あるが段差無し、C段差や開口殆どなし
規模：1目地部延長〇〜〇m以上（のり面1段）、2延長〇m〜〇m程度、3円超〇m未満

程度：A排水溝が著しく変形などし漏水やオーバーフロー跡あり、B排水溝に多少の損傷や植物繁茂、C土砂など堆積あり
規模：1集中しているか広範囲に発生、2点在、3数箇所のみ

影響といった観点から、変状の種類や程度規模ランクの案をサンプルとして記した。

り面全体の点検項目に含めるのがよい。
ルを総合評価レベルとするのが望ましい。

展開図

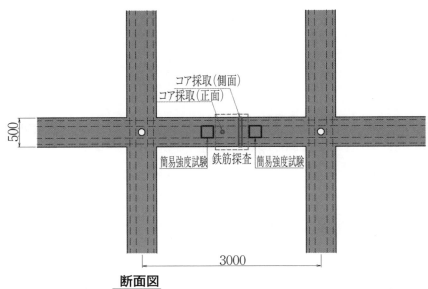

断面図

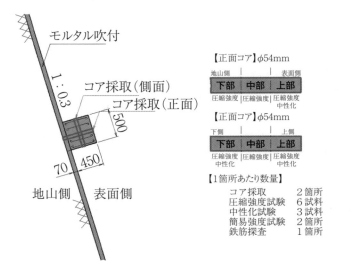

図9.1　調査模式図

9.5　対策

　点検の結果、対策が必要であると判断した場合は、変状が生じた原因を明確にすることで適切な対策を講ずることができる。また、優先順位や重要度、ライフサイクルコストも重要な項目であり、総合的に判断する必要がある。

9.6　点検設備について（参考）

　今後、のり面の維持管理をする上で点検が必要になることから恒久的な足場（通路）を設けるケースが増えている。構造物の重要度により設置するか否かを判断する必要はあるが、参考までに事例を示す。

フリーフレーム、ロックボルト、グラウンドアンカー点検用
写真9.6.1　　　　　　　　　　写真9.6.2

フリーフレーム、ロックボルト点検用
写真9.6.3　　　　　　　　　　写真9.6.4

フリーフレーム、ロックボルト点検用

写真9.6.5   写真9.6.6

付　録

付録—1　設計参考資料

付—1　異形棒鋼の質量・断面積・周長

付—表.1　異形棒鋼の質量・断面積・周長

呼 び 名	単位質量 (kg/m)	公 称 直 径 (mm)	公称断面積 (mm²)	公 称 周 長 (mm)
D 10	0.560	9.53	71.33	30
D 13	0.995	12.7	126.7	40
D 16	1.56	15.9	198.6	50
D 19	2.25	19.1	286.5	60
D 22	3.04	22.2	387.1	70
D 25	3.98	25.4	506.7	80
D 29	5.04	28.6	642.4	90
D 32	6.23	31.8	794.2	100

(JIS G 3112)

付―2　PC 鋼材とグラウトの許容付着応力度

付―表.2　許容付着応力度（N/mm²）

引張り材の種類	グラウトの設計基準強度		18	24	30	40 以上
仮設	P　C　鋼　線 P　C　鋼　棒 P　C　鋼　よ　り　線 多　重　P　C　〃		1.0	1.2	1.35	1.5
	異　形　P　C　鋼　棒		1.4	1.6	1.8	2.0
永久	P　C　鋼　線 P　C　鋼　棒 P　C　鋼　よ　り　線 多　重　P　C　〃		―	0.8	0.9	1.0
	異　形　P　C　鋼　棒		―	1.6	1.8	2.0

（グラウンドアンカー設計・施工基準，同解説）

付―3　注入材と異形鉄筋の許容付着応力度

付―表.3　注入材と異形鉄筋の許容付着応力度（N/mm²（kgf/cm²））

鉄筋の種類	注入材の設計基準強度	18 (180)	24 (240)	30 (300)	40 以上 (400 以上)
異形鉄筋		1.4 (14)	1.6 (16)	1.8 (18)	2.0 (20)

（道路土工のり面工・斜面安定工指針）

付―4　鉄筋挿入工（ロックボルト工）の極限周面摩擦抵抗の推定値

付―表.4　鉄筋挿入工（ロックボルト工）の極限周面摩擦抵抗の推定値

地盤の種類			極限周面摩擦抵抗 $(N/mm^2(kgf/cm^2))$
岩　盤	硬　岩		1.2(12)
	軟　岩		0.8(8)
	風化岩		0.5(5)
	土　丹		0.5(5)
砂　礫	N 値	10	0.08(0.8)
		20	0.14(1.4)
		30	0.20(2.0)
		40	0.28(2.8)
		50	0.36(3.6)
砂	N 値	10	0.08(0.8)
		20	0.14(1.4)
		30	0.18(1.8)
		40	0.23(2.3)
		50	0.24(2.4)
粘性土			$0.8×c$(c は粘着力)

（道路土工のり面工・斜面安定工指針）

付—5　アンカーの極限周面摩擦抵抗

付—表.5　アンカーの極限周面摩擦抵抗

地 盤 の 種 類			摩擦抵抗（N/mm²）
岩 盤		硬　岩	1.5 〜2.5
		軟　岩	1.0 〜1.5
		風化岩	0.6 〜1.0
		土　丹	0.6 〜1.2
砂　礫	N 値	10	0.1 〜0.2
		20	0.17〜0.25
		30	0.25〜0.35
		40	0.35〜0.45
		50	0.45〜0.7
砂	N 値	10	0.1 〜0.14
		20	0.18〜0.22
		30	0.23〜0.27
		40	0.29〜0.35
		50	0.3 〜0.4
粘性土			1.0 c（c は粘着力）

注）　本解説については，「6.6(2)　4）（解説）を十分に理解のうえ，取扱いに注意する必要がある。

（グラウンドアンカー設計・施工基準，同解説）

付録—2　ネットモールドによる強度特性　（フリーフレーム協会資料）

(1)　試験目的

　　吹付枠工は、吹付機械を使用して、モルタル・コンクリートを吹付けする枠工法であり、一般に養生が困難で施工後の硬化まで風雨にさらされる特殊条件で作るのり枠である。

　　施工条件が厳しいとは言え、危険な斜面（のり面）を抑える役割を担っているため、モルタル・コンクリートの品質を規定どおり確保しなければならない。

　　そこで、フリーフレーム協会では、フリーフレームの金網を利用して作製した金網モールド（ネットモールド）で供試体を採取することを考え、これによっ

て得られた圧縮強度が、コア供試体の強度と比べてどのような特性を有するか
を調べることを目的として行なったものである。比較の対象として、円柱供試
体での圧縮強度も併記することとした。

　これまでに実験を行なってきた現場（４現場）について、資料をまとめ今後
の参考としたい。

　試験場所　　・山形・東京・長野・千葉

(2)　実験方法

　付―表.6参照

(3)　実験結果

　標準偏差S＝ Σ

　標準偏差　$S = \sqrt{\sum_{i=1}^{n}(Xi - \bar{X})^2/n}$　（N/mm²）

　変動係数　$CV = S/\bar{X} \times 100$　（％）

　範　囲　　R＝圧縮強度の最大値と最小値の差

付－表.6　採取方法

試験場所	円柱供試体 (10×20cm)	コア	ネットモールド (10×20cm)	配合	搬送距離
山　形	ノズルから出たモルタルをコンパネに盛り、それに採取力でモールドに詰めた。採取方法は、2層に分けて詰め、各層を7cm²について1回の割合で突き棒で突き、それによる窪みが満杯になるまでモルタルが上面表面で満杯になるまで型枠側面を木づちで軽打した。養生は、10日目脱型し11日目後現場実験室にて水中養生した。	現場でコンパネの上に50cm×50cm×30cm(高)の中にモールド型枠を置き、コア抜き用モルタルを吹付け、コア抜き用モルタルを2層で詰め、各層を7cm²について1回の割合で突き棒で突き、それによる窪みが満杯になるまでモルタルが上面側面で満杯になるまで型枠打ち、10日目脱型現場放置11日目後実験室にて打設後11日目に実験室にてΦ10×20cmのコアを取った。養生は同左	現場でコンパネの上にネットモールドを置き、直接吹付けて供試体の側面を作った。モルタルがあふれた上面およびモルタルはこてからあふれたモルタルは、こて仕上げにより削り取り、ネットが露出するまで整形した。養生は同左	モルタル C=420kg/m³ S=1680kg/m³ W=190kg/m³ W/C=45% 防凍材=C×4%	水平 50m 鉛直 0m
東　京	採取方法は山形に同じ 養生：7日間現場放置後材齢28日まで水中養生(20℃)を行った。8日目脱型現場放置	供試体切出し用のパネル型枠おょび吹付け方法はJSCE-F561-1999に準拠し、吹付け勾配は60度とし、モルタルがたれないように金網を設置して吹付けた。モルタルを吹付けたパネル型枠をシートで覆い、7日間養生した。その後、脱型しΦ5×10cmのコアを採取し、材齢28日まで水中養生(20℃)を行った。	採取方法は山形に同じ 養生：7日間現場放置後材齢28日まで水中養生(20℃)を行った。	モルタル C=400kg/m³ S=1558kg/m³ W=224kg/m³ W/C=56% 空気量4.3% 外気温11.5℃	水平 100m 鉛直 0m
長　野					
千　葉	採取方法は山形に同じ 養生：吹付け後1週間現場放置し、以降恒温室に2日間放置して材令28日のコアを水中養生した。	のり面角45°ののり面に300のり面を吹付けてモルタル供試体を作成した。以降現場放置したのちΦ10×20cmのコアを抜き取った。養生は同左	採取方法日に山形に同じ 試験体の上下面ウキまたは上面のみカット：6本 上下面のカット：6本	モルタル C=411kg/m³ S=1644kg/m³ W=234kg/m³ W/C=57% コンクリート (1)(4)(0.57) ミキサーを用いて混練り後吹付け機に入れ吹付けした。	

①　山形

種類	供試体	距離	供試体質量 (kg)	圧縮強度 (N/mm²)	平均値($\bar{X}$) 質量 (kg)	平均値($\bar{X}$) 圧縮強度 (N/mm²)	強度標準偏差 (N/mm²)	強度変動係数 (%)	範囲 (N/mm²)
モルタル	円柱供試体	50m	3.50 3.49 3.50	33.8 34.6 34.9	3.50	34.4	0.5	1.4	1.1
	コア	50m	—	18.2 23.6 20.6	—	20.8	26.1	12.8	6.4
	ネットモールド（ネット質量0.12kg)	50m	3.30 3.26 3.37 3.41 3.38 3.19	25.4 22.9 23.8 22.5 23.3 24.5	3.35 (3.23)	23.7	1.0	4.1	2.9

＊ネットモールドの供試体質量は、ネットの質量を含んだ質量を示し、（　）内にネット質量を引いた質量を示す。

②　東京

種類	供試体	距離	供試体質量 (kg)	圧縮強度 (N/mm²)	平均値($\bar{X}$) 質量 (kg)	平均値($\bar{X}$) 圧縮強度 (N/mm²)	強度標準偏差 (N/mm²)	強度変動係数 (%)	範囲 (N/mm²)
モルタル	円柱供試体	100m	3.50 3.46 3.46	27.3 32.2 36.3	3.47	31.9	3.7	11.5	9.0
	コア(5×10)	100m	0.43 0.42 0.42	35.5 36.2 36.6	0.42	36.1	0.5	1.3	0.5
	ネットモールド	100m	3.60 4.02 3.63	28.6 24.3 27.8	3.75	26.9	1.9	7.0	4.3

③　長野

種類	供試体	距離	供試体質量 (kg)	圧縮強度 (N/mm²)	平均値(X̄) 質量 (kg)	平均値(X̄) 圧縮強度 (N/mm²)	強度標準偏差 (N/mm²)	強度変動係数 (%)	範囲 (N/mm²)
モルタル	円柱供試体	—	3.57 3.57 3.58	24.8 26.4 25.6	3.57	25.6	0.6	2.6	1.6
	コア	—	3.58 3.60 3.61	26.7 27.2 28.4	3.60	27.4	0.7	2.6	1.7
	ネットモールド	—	—	23.2 25.5 23.4	—	24.0	1.0	4.3	2.3
	円柱供試体	—	3.59 3.60 3.55	25.2 25.7 25.5	3.47	20.4	1.2	6.1	3.0
	ネットモールド	—	3.50 3.45 3.47	22.2 19.0 20.1	3.60	27.4	0.7	2.6	1.7
	円柱供試体	—	3.53 3.57 3.55	23.4 24.1 24.4	3.55	24.0	0.4	1.8	1.0
	ネットモールド	—	3.53 3.57 3.55	23.2 21.8 21.4	3.51	22.1	0.8	3.5	1.8
	円柱供試体	—	—	22.8 23.6 23.9	—	23.4	0.5	2.0	1.1
	ネットモールド	—	3.70 3.62 3.75	23.6 21.6 24.4	3.69	23.2	1.1	4.7	2.8

④　千葉

種類	供試体	距離	供試体質量 (kg/m³)	圧縮強度 (N/mm²)	平均値($\bar{X}$) 質量 (kg/m³)	平均値($\bar{X}$) 圧縮強度 (N/mm²)	強度標準偏差 (N/mm²)	強度変動係数 (%)	範囲 (N/mm²)
モルタル	円柱供試体	—	2247	34.0	2224	34.4	1.0	3.0	3.5
			2218	35.3					
			2232	34.4					
			2225	34.8					
			2223	34.1					
			2206	35.1					
			2223	35.0					
			2223	33.7					
			2207	32.9					
			2234	36.1					
			2212	35.2					
			2225	32.6					
	コア	—	2260	34.6	2247	31.0	3.9	12.5	1.3
			2240	28.0					
			2246	39.5					
			2256	26.5					
			2246	34.7					
			2260	28.5					
			2252	28.7					
			2234	30.6					
			2241	29.5					
			2249	31.3					
			2232	26.8					
			2244	33.6					
	ネットモールド	上下面カット	2275	33.1	2275	30.9	5.8	18.9	16.4
			2298	38.8					
			2294	34.8					
			2284	22.4					
			2263	27.9					
			2237	28.3					
		上面カット	2284	37.4	2280	33.9	6.3	18.6	1.6
			2315	42.1					
			2246	27.3					
			2245	26.3					
			2292	32.3					
			2295	37.8					

参考・引用文献

(1) 「のり枠工の設計・施工指針（改訂版第3版）」全国特定法面保護協会

(2) 「のり面保護工に関する質疑応答集」全国特定法面保護協会

(3) 「切土補強土工法設計・施工要領」NEXCO

(4) 「道路土工切土工・斜面安定工指針」日本道路協会

(5) 「グラウンドアンカー設計・施工基準，同解説」地盤工学会

(6) 「2002制定コンクリート標準仕方書［構造性能照査編］」土木学会

(7) 「吹付けコンクリート指針（案）［のり面編］」土木学会

(8) 「在来木本類（播種）による法面緑化の手引き（案）」

国土交通省四国地方整備局道路部

国土交通省四国地方整備局四国技術事務所

編集委員

フリーフレーム協会技術委員会

全訂新版 フリーフレーム工法

2008年4月10日	初版発行
2018年2月15日	初版第4刷
2019年4月25日	改訂1版第1刷
2020年7月15日	全訂新版第1刷発行

編 著 者　フリーフレーム協会
http://www. freeframe.gr.jp/

発 行 者　柴 山 斐 呂 子

発行所─────

〒102-0082 東京都千代田区一番町27-2

理工図書株式会社

電　話　03 (3230) 0221 (代表)
F A X　03 (3262) 8247
振替口座　00180-3-36087番

Ⓒ2008年 フリーフレーム協会　丸井工文社　　ISBN 978-4-8446-0886-8

★自然科学書協会会員★工学書協会会員★土木・建築書協会会員
Printed in Japan